噴火《ふんか》の島《しま》においてきぼりになった犬《いぬ》

三《み》宅《やけ》島《じま》のムサシ

井上こみち・文　　さのあきこ・絵

素朴社

もくじ

緑《みどり》の豊《ゆた》かな島《しま》に異変《いへん》が・・・・4
島民全員《とうみんぜんいん》、避難《ひなん》せよ！・・・・15
ひとりぼっちのムサシ・・・・27
犬《いぬ》がいるぞ！・・・・38
生《い》きていてくれてありがとう・・・・46
救援《きゅうえん》センターの仲間《なかま》たち・・・・58
島《しま》に帰《かえ》りたかったコロ・・・・70
新《あたら》しい家族《かぞく》と・・・・78

三宅島《みやけじま》に生息《せいそく》する野鳥《やちょう》
アカコッコ

三宅島《みやけじま》の特産物《とくさんぶつ》
アシタバ

あとがき・・・92
災害時《さいがいじ》の避難《ひなん》に備《そな》えて・・・・94

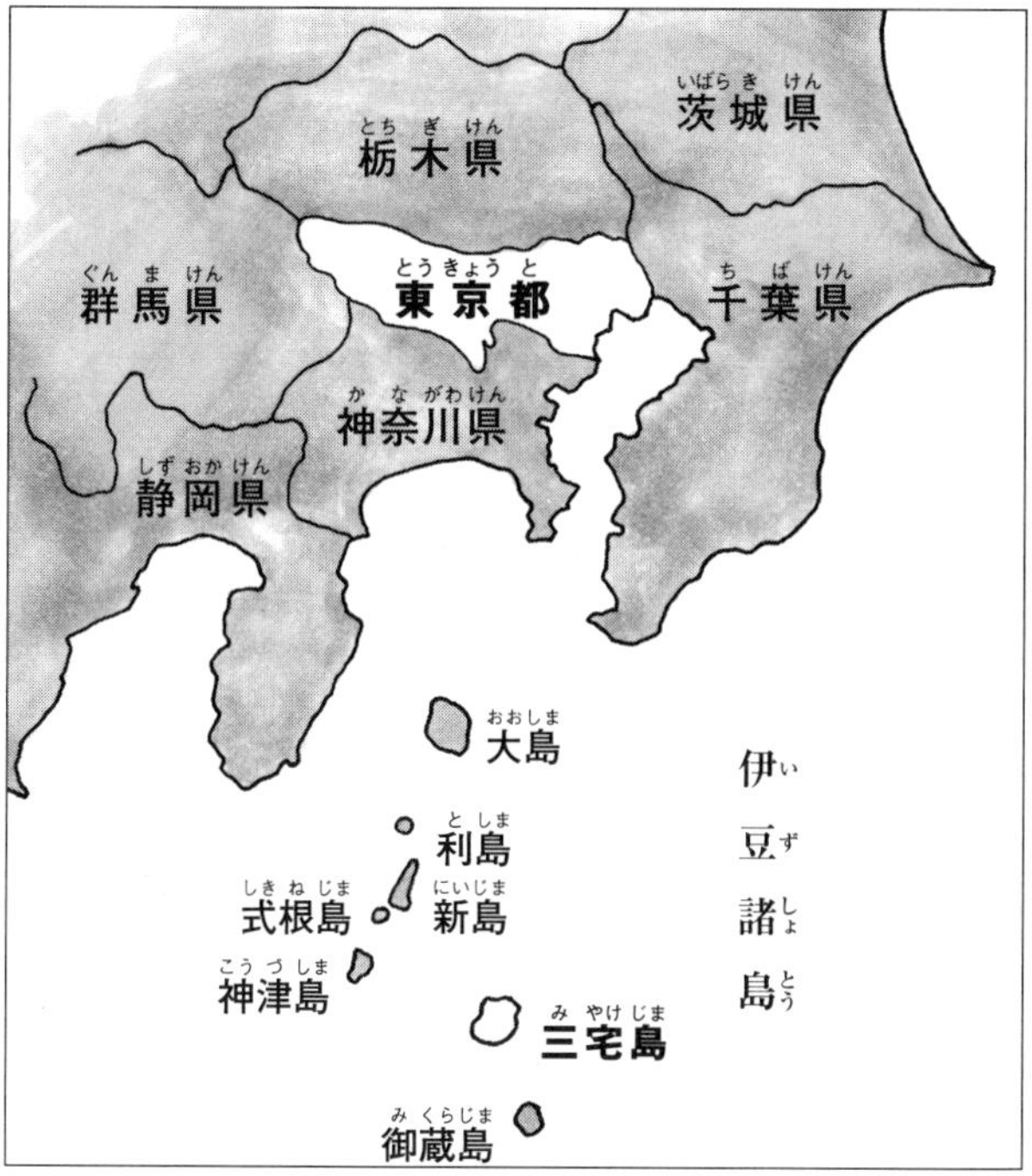

緑《みどり》の豊《ゆた》かな島《しま》に異変《いへん》が

「おいおい、いつまで寝《ね》ているんだ！　出《で》かけるぞ」

ムサシは、いつもリョウさんの大声《おおごえ》に起《お》こされる。リョウさんは、タオルではちまきをすると、両手《りょうて》にぎゅっと力《ちから》を入《い》れる。

「きょうもがんばるぞーっ」

小屋《こや》から出《で》てきたムサシも、前足《まえあし》をふんばって、大《おお》きなあくびをする。こうしてリョウさんとムサシの朝《あさ》は始《はじ》まる。

リョウさんは、三宅島《みやけじま》の新聞販売店《しんぶんはんばいてん》で働《はたら》いている。ムサシはリョウさんの愛犬《あいけん》。柴犬《しばいぬ》のオス。三歳《さい》だ。

毎朝《まいあさ》、ムサシはリョウさんのバイクの後《あと》について三宅空港《みやけくうこう》まで走《はし》る。島《しま》の人々《ひとびと》が読《よ》む新聞《しんぶん》が、朝一番《あさいちばん》の飛行機《ひこうき》で運《はこ》ばれてくるからだ。新聞《しんぶん》は、朝刊《ちょうかん》と前日《ぜんじつ》の夕刊《ゆうかん》がいっしょにとどく。

リョウさんは、その新聞《しんぶん》を三人《にん》の仲間《なかま》と手分《てわ》けして、島中《しまじゅう》の家々《いえいえ》に配《くば》る。ムサシは、リョウさんの新聞配達《しんぶんはいたつ》についていくのが好《す》きでたまらない。

温暖《おんだん》な気候《きこう》の三宅島《みやけじま》は、一年中《ねんじゅう》、植物《しょくぶつ》の育《そだ》ちがいい。とくに春《はる》から夏《なつ》にかけては、さまざまな木《き》の緑《みどり》が鮮《あざ》やかさを増《ま》す。そして、木《き》や草《くさ》はいい香《かお》りに満《み》ちている。海《うみ》はちょっとした日《ひ》ざしのかげんで、あわい水色《みずいろ》から深《ふか》い青緑色《あおみどりいろ》に変《か》わる。そして、島《しま》の中心《ちゅうしん》の雄山《おやま》は、すきとおるような青《あお》い空《そら》をバックに、どっしりとそびえている。たまに台風《たいふう》の通《とお》り道《みち》になるものの、どの季節《きせつ》もすばらしい。リョウさんは、自然《しぜん》があふれる三宅島《みやけじま》が大好《だいす》きだ。

リョウさんが、初《はじ》めて三宅島《みやけじま》にやってきたのは、一九九五年《ねん》一月《がつ》十六日《にち》だった。

「知《し》り合《あ》いがやっている三宅島《みやけじま》の新聞販売店《しんぶんはんばいてん》で、人手《ひとで》が足《た》りなくて困《こま》っている。しばらく手伝《てつだ》いに行《い》ってくれると助《たす》かるんだが」

都内《とない》の新聞販売店《しんぶんはんばいてん》につとめていたリョウさんは、店《みせ》の主人《しゅじん》から頼《たの》まれた。

「三宅島《みやけじま》には前《まえ》から一度《いちど》行《い》ってみたいと思《おも》っていました。島《しま》で仕事《しごと》ができるなんてうれしいです」

ひとり暮らしで身軽《みがる》なリョウさんは、二《ふた》つ返事《へんじ》でひきうけた。島《しま》に来《き》た翌日《よくじつ》に、阪神《はんしん》淡路《あわじ》大震災《だいしんさい》が起《お》こったので、リョウさんはこの日《ひ》をよくおぼえている。そして、そのまま島《しま》で仕事《しごと》を続《つづ》けることにしたのだった。

島《しま》の人々《ひとびと》と親《した》しくなったある日《ひ》のこと。

リョウさんが新聞《しんぶん》を配達《はいたつ》している家《いえ》で、三匹《びき》の子犬《こいぬ》が生《う》まれた。もともと動物《どうぶつ》が好《す》きだったリョウさんは、そのうちの一匹《ぴき》をもらって育《そだ》てることにした。

「おまえの名前《なまえ》はムサシだ。強《つよ》そうないい名前《なまえ》だろう。元気《げんき》に育《そだ》てよ、ムサシ」

リョウさんは、バイクに乗《の》せた子犬《こいぬ》に話《はな》しかけた。

リョウさんは、さっそく漁師《りょうし》さんのいる港《みなと》に行《い》った。いつも分《わ》けてもらっている魚《さかな》の数《かず》をふやした。

「腹《はら》いっぱい食《た》べろよ」

リョウさんは、魚《さかな》をさしみにしたり、焼《や》いたりしながら、ムサシと分《わ》け合《あ》って食《た》べた。

子犬《こいぬ》のうちは留守番《るすばん》をしていたムサシは、だんだん、新聞配達《しんぶんはいたつ》のバイクについて走《はし》るようになった。

リョウさんは配達《はいたつ》の帰《かえ》りに、雄山《おやま》のてっぺんが見《み》えるところで、よくバイクをとめる。

「雄山《おやま》は、以前《いぜん》、噴火《ふんか》したことがあるっていうけど、いまはどんな具合《ぐあい》なんだろう」

一九八七年《ねん》に大《おお》きな噴火《ふんか》があり、緑《みどり》の島《しま》が一時《いちじ》は茶色《ちゃいろ》になったという。

「噴火《ふんか》ってこわいのかな。ムサシはどう思う？」

リョウさんの横《よこ》で、ムサシは鳥《とり》のさえずりに、耳《みみ》をかたむけている。

こうして、リョウさんとムサシはおだやかな時間《じかん》をすごしていた。

二〇〇〇年《ねん》六月《がつ》。

雄山《おやま》が、うなり声《ごえ》をあげはじめた。

初《はじ》めのうちは、小《ちい》さな地震《じしん》がくりかえし起《お》きたが、いつもすぐにおさまっていた。そのうち地鳴《じな》りは長《なが》くなり、だんだんと大《おお》きくなっていった。

ドドドドドドドッ、ゴォーッ。

ドドドドドドドッ、ゴォーッ。

でも、島《しま》の人《ひと》たちは、落《お》ち着《つ》いている。

「なあに、三宅《みやけ》は火山《かざん》の島《しま》だ。心配《しんぱい》ないよ」

ムサシは、地面《じめん》がゆれ、地鳴《じな》りがすると、リョウさんの足《あし》もとに走《はし》った。リョウさんもなんだか不安《ふあん》になってきた。

漁師《りょうし》さんは、いつものように船《ふね》を出《だ》し、農家《のうか》の人《ひと》たちは畑《はたけ》に出《で》た。

ゆれがおさまると、ムサシはお気《き》に入《い》りになっている草原《そうげん》に出《で》かけた。

いつもリョウさんと走《はし》っている島《しま》の道《みち》は、ムサシには目《め》をつぶっていたって歩《ある》ける。草原《そうげん》までの道《みち》を近道《ちかみち》しようと、きゅうな斜面《しゃめん》を上《のぼ》ろうとした。途中《とちゅう》の家《いえ》には、ねこの親《おや》子《こ》がいる。母《はは》ねこはムサシを見《み》ると、毛《け》を逆立《さかだ》てて、体《からだ》をななめにして向《む》かってくる。

(あれっ、いない)

いつもの場所《ばしょ》に親子《おやこ》ねこはいなかった。いつも木《き》の上《うえ》からムサシを見下《みお》ろしているオスねこもいない。

ところが、物置《ものおき》の軒下《のきした》に見《み》なれないねこが集《あつ》まっている。毛《け》を逆立《さかだ》てる母《はは》ねこと木登《きのぼ》りねこは、大《おお》きな植木鉢《うえきばち》のかげにいた。

(コロはどうしているかな?)

ムサシは、きゅうにコロのことが気《き》になってきた。草原《そうげん》に行《い》くのをやめて、コロに会《あ》いに行《い》った。コロはいつものようにしっぽをふり、ムサシを迎《むか》えてくれた。

コロは、リョウさんの知《し》り合《あ》いの真野《まの》さん夫婦《ふうふ》の飼《か》い犬《いぬ》だ。

コロは、首輪《くびわ》もつなもつけていない。真野《まの》さんは、コロが元気《げんき》なころは、リード(ひきづな)をつけて朝夕《あさゆう》の散歩《さんぽ》をしていた。でも、年《とし》をとってきたコロは、散歩《さんぽ》を喜《よろこ》ばなくなった。真野《まの》さんは、迷子《まいご》になる心配《しんぱい》のないコロを自由《じゆう》にさせていた。

島《しま》の犬《いぬ》は、放《はな》し飼《が》いが多《おお》い。ムサシの場合《ばあい》は、首輪《くびわ》もリードもつけている。いつもムサシの行《い》く場所《ばしょ》を知《し》っているリョウさんは、たまにリードをはずしてくれる。だから、ムサシはひとりで出歩《であ》いていても、おなかがすくと帰《かえ》ってくる。

ムサシには、ちょっと気《き》になるメス犬《いぬ》がいる。でも、強《つよ》そうな犬《いぬ》がそばにいれば、近《ちか》よらない。強《つよ》い犬《いぬ》は弱《よわ》い犬《いぬ》を攻撃《こうげき》しないのが、島《しま》の犬《いぬ》たちのルールだ。でも、メスをめぐってオスたちはけんかすることがある。

「ムサシはやさしい子《こ》ね。見《み》た目《め》も性格《せいかく》もコロによく似《に》ているの。きっとコロの孫《まご》か、ひ孫《まご》よ」

真野《まの》さんの奥《おく》さんが、リョウさんに言《い》っていたことがある。

ムサシは、何《なに》かにつけてコロのところに行《い》く。ムサシのコロ訪問《ほうもん》の目的《もくてき》のひとつに、おやつのおすそ分《わ》けがある。

真野《まの》さんは、ビーフジャーキーや、コロの歯《は》にいいというビスケットなどを、ムサシにも気前《きまえ》よく分《わ》けてくれた。

「コロはね、このごろ歯《は》が弱《よわ》ってきたから固《かた》いものが食《た》べられないのよ。コロの分《ぶん》も食《た》べていいのよ、ムーちゃん」

ムサシは、左前足《ひだりまえあし》を上《あ》げて答《こた》える。

ムサシは、「はい」や「分《わ》かりました」という時《とき》、左前足《ひだりまえあし》を上《あ》げるポーズをとる。そうするといいことがあるのを、真野《まの》さんの家《いえ》でおぼえたからだ。

「ムーちゃんは、ほんとに気持《きも》ちいい返事《へんじ》のできる子《こ》ね」

真野《まの》さんは、おやつを追加《ついか》してくれる。

ムサシが真野《まの》さんの家《いえ》ですごせる平和《へいわ》な時《とき》は、間《ま》もなく失《うしな》われることになった。

八月《がつ》。噴火活動《ふんかかつどう》が続《つづ》いていた雄山《おやま》は、いきおいをましていった。こんどは規模《きぼ》が大《おお》きい。島《しま》の噴火対策本部《ふんかたいさくほんぶ》は、あわただしくなった。

「これからもっと大《おお》きな噴火《ふんか》があります。風向《かざむ》きによっては、被害《ひがい》が予想《よそう》されます。安《あん》全《ぜん》な地域《ちいき》に避難《ひなん》してください」と、何度《なんど》も災害無線放送《さいがいむせんほうそう》があった。

地《じ》ひびきが続《つづ》き、島《しま》のあちこちで小石《こいし》のまざった火山灰《かざんばい》が降《ふ》るようになった。

朝《あさ》、起《お》きると、夜《よる》の間《あいだ》に降《ふ》った灰《はい》が、家《いえ》の屋根《やね》や車《くるま》にうっすらと積《つ》もっている。木《き》や草《くさ》や畑《はたけ》の野菜《やさい》にも、灰《はい》は降《ふ》り注《そそ》いでいた。

「弱虫《よわむし》だなあ。おまえは島《しま》で生《う》まれた犬《いぬ》だろう」

不安《ふあん》そうなムサシに話《はな》しかけるリョウさんも、心配《しんぱい》だった。

まもなく、噴火《ふんか》はおさまった。でも、白《しろ》い煙《けむり》はあいかわらず立《た》ち上《のぼ》っていた。ゆでたまごがくさったような、火山《かざん》ガスのにおいがした。熱《あつ》い岩《いわ》の間《あいだ》をくぐりぬけて、噴《ふ》き出《だ》す硫黄《いおう》のにおいだ。鼻《はな》やのどの弱《よわ》い人《ひと》は、長《なが》い間《あいだ》すっていると息苦《いきぐる》しくなった。

島民全員《とうみんぜんいん》、避難《ひなん》せよ！

「こんどの噴火《ふんか》は、長《なが》びきそうです。被害《ひがい》は島全体《しまぜんたい》におよびます。できるだけ早《はや》く、島《しま》の外《そと》に避難《ひなん》してください」

村《むら》の対策本部《たいさくほんぶ》は、島民《とうみん》に呼《よ》びかけた。

畑《はたけ》の草《くさ》むしりをしていた農家《のうか》の人《ひと》は、

「島《しま》の外《そと》に出《で》るなんて、考《かんが》えられんよ。わしら、噴火《ふんか》なんぞこわくないわ」

「そうだとも。畑《はたけ》をほおって、島《しま》を出《で》るわけにはいかない。野菜《やさい》の収穫《しゅうかく》はどうするんだ。だれがやってくれるんだ」

麦《むぎ》わらぼうしをとり、顔《かお》の汗《あせ》をふくと、空《そら》を見上《みあ》げた。そして、また草《くさ》とりを続《つづ》けた。

晴《は》れているはずなのに、雄山《おやま》から噴《ふ》き上《あ》がる白《しろ》い煙《けむり》で、空《そら》はどんよりと曇《くも》っていた。

地鳴《じな》りは、こきざみにひびいていた。

「もしものことがあったら、年《とし》よりはすぐには逃《に》げられんから」

と、しんせきのある大島《おおしま》や利島《としま》などに、お年《とし》よりだけを避難《ひなん》させる家《いえ》が出《で》てきた。

七月《がつ》十四日《か》。雄山《おやま》から噴《ふ》き上《あ》がる灰《はい》が、島《しま》の北東部《ほくとうぶ》で三分《ぶん》の一もの広《ひろ》い範囲《はんい》に降《ふ》り注《そそ》いだ。

七月《がつ》三十日《にち》。震度《しんど》六の地震《じしん》によって、島《しま》のあちこちで土砂崩《どしゃくず》れが起《お》こり、低《ひく》い地鳴《じな》りの音《おと》が続《つづ》いた。

八月十日《がつとおか》。雄山《おやま》に、これまでにない大《おお》きな噴火《ふんか》が起《お》こった。煙《けむり》は、八〇〇〇メートルもの高《たか》さまで上《あ》がった。島《しま》をめぐる道路《どうろ》が、泥流《でいりゅう》にふさがれる。

リョウさんたちは、まわり道《みち》しながら新聞《しんぶん》を配達《はいたつ》した。いつもの何倍《なんばい》も時間《じかん》がかかり、配達《はいたつ》が午後《ごご》にまでなる日《ひ》もあった。

八月《がつ》十八日《にち》。島全体《しまぜんたい》に灰《はい》が降《ふ》る。島《しま》の人々《ひとびと》は、島内《とうない》に作《つく》った避難所《ひなんじょ》に避難《ひなん》するようにすすめられる。

八月《がつ》二十九日《にち》。ふたたび、雄山《おやま》が大噴火《だいふんか》。テレビニュースは、空《そら》からの雄山《おやま》の映像《えいぞう》を見《み》せていた。長《なが》い間《あいだ》、島《しま》で暮《く》らしている人《ひと》たちも、迫《せま》る危険《きけん》を感《かん》じていた。

まず、子《こ》どもたちを安全《あんぜん》な場所《ばしょ》に移《うつ》すことが決《き》まった。島《しま》の小学生《しょうがくせい》四十四名《めい》、中学生《ちゅうがくせい》三十一名《めい》、高校生《こうこうせい》五十八名《めい》は、廃校《はいこう》になっていた東《とう》京都《きょうと》の秋川高校《あきかわこうこう》に避難《ひなん》することになった。

「ちょっと長《なが》めの夏休《なつやす》みだと思《おも》えばいい」

「東京《とうきょう》の空気《くうき》をすってこい。こんなことがなければ、行《い》けないぞ」

親《おや》たちは、そう言《い》って子《こ》どもたちを送《おく》り出《だ》した。

みんな遠足気分《えんそくきぶん》で、楽《たの》しそうに船《ふね》に乗《の》りこんだ。けれども、しだいに遠《とお》ざかり、一枚《まい》の絵《え》はがきのようになった島《しま》に、子《こ》どもたちは息《いき》を飲《の》んだ。空《そら》をおおうように煙《けむり》を吹《ふ》き上《あ》げる雄山《おやま》を初《はじ》めて見《み》たのだった。

子《こ》どもたちが避難《ひなん》した後《あと》も噴火《ふんか》は続《つづ》き、火山灰《かざんばい》や黒《くろ》っぽい軽石《かるいし》のような小石《こいし》が降《ふ》ってきた。

島《しま》の人々《ひとびと》は、畑《はたけ》にも、漁《りょう》にも出《で》ることができず、

家《いえ》の中《なか》で、じっとしているしかなかった。

九月一日《がつついたち》。ついに全島民《ぜんとうみん》に島外《とうがい》への避難指示《ひなんしじ》が出《だ》された。

「三日間《みっかかん》のうちに船《ふね》に乗《の》ること」

リョウさんの新聞販売店《しんぶんはんばいてん》では、

「仕事《しごと》はどうなるんだ？」

「島《しま》の人《ひと》がいなければ、新聞《しんぶん》どころじゃないだろう。読《よ》む人《ひと》がいなくなるんだ」

「わたしら、避難先《ひなんさき》で何《なに》をするんだ」

といった会話《かいわ》がかわされた。

「だれが畑《はたけ》の世話《せわ》をするんだ。わしはどこにも行《い》かん」

「収穫《しゅうかく》できなくなる野菜《やさい》はもったいないが、いまは、命《いのち》のほうが大事《だいじ》だ」

「時間《じかん》がない。早《はや》く身《み》のまわりの必要《ひつよう》な物《もの》をまとめよう」

「大《おお》げさだな。どうせ、島《しま》を出《で》ました。はい、帰《かえ》りましたってことになるさ」

島《しま》を離《はな》れたがらないお年《とし》よりたちは、こんなことを語《かた》りながら、なかなか腰《こし》を上《あ》げなかった。

そして、ペットもいっしょに避難《ひなん》させることが決《き》まった。

「動物《どうぶつ》まで連《つ》れていく余裕《よゆう》があるのか」

「動物《どうぶつ》だって、危険《きけん》な目《め》に合《あ》わせるわけにはいかない」

いろんな意見《いけん》が出《で》た。

けれども、雄山《おやま》のふもとの牧場《ぼくじょう》の牛舎《ぎゅうしゃ》の屋根《やね》は、飛《と》んできた大《おお》きな石《いし》でやぶれてしまっている。牛《うし》たちは、火山灰《かざんばい》をかぶった牧草《ぼくそう》を食《た》べられない。すでに近《ちか》くの島《しま》に避難《ひなん》している牛《うし》もいた。

三宅島《みやけじま》の噴火災害《ふんかさいがい》が長《なが》びきそうだと分《わ》かったとき、動物《どうぶつ》も避難《ひなん》させようと、準備《じゅんび》をしている人《ひと》たちがいた。それは、一九八六年《ねん》、大島《おおしま》の三原山《みはらやま》で噴火災害《ふんかさいがい》が起《お》きた時《とき》、おきざりにされた動物《どうぶつ》に心《こころ》を痛《いた》めていた人《ひと》たちだった。

幸《さいわ》いにも、大島《おおしま》では一か月間《げつかん》の避難生活《ひなんせいかつ》で、島《しま》にもどることができた。ペットを連《つ》れていくことは禁止《きんし》されたのに、どうしても置《お》いてくることができず、ペットとともに船《ふね》に乗《の》った飼《か》い主《ぬし》がいた。避難先《ひなんさき》では、まわりの人《ひと》たちの、「自分勝手《じぶんかって》は許《ゆる》せない」とか「決《き》まりを守《まも》らないなんて」という批難《ひなん》をあび、つらい思《おも》いをしていたのだった。

大島《おおしま》に残《のこ》された犬《いぬ》たちは、集団化《しゅうだんか》し、凶暴《きょうぼう》になってしまった。

この大島《おおしま》の経験《けいけん》がもとになって、「災害時《さいがいじ》に動物《どうぶつ》の命《いのち》も守《まも》ろう」と言《い》われ始《はじ》め、いま、三宅島《みやけじま》で実行《じっこう》されようとしていた。三宅島《みやけじま》のペットを飼《か》っている人《ひと》たちにとって、連《つ》れていけることはうれしいことだった。

ただ、どのようにして連《つ》れていくのかという不安《ふあん》があった。

でも、その心配《しんぱい》は不要《ふよう》だった。島民《とうみん》に避難勧告《ひなんかんこく》が出《で》たころから、動物用《どうぶつよう》のケージ（おり）が、島《しま》に運《はこ》びこまれていた。東京都《とうきょうと》の獣医師会《じゅういしかい》や動物愛護相談《どうぶつあいごそうだん》センターなどが中心《ちゅうしん》になり、百個《こ》以上《いじょう》ものケージが集《あつ》められていたのだ。

そして、希望《きぼう》する人《ひと》への貸《か》し出《だ》しが始《はじ》まっていた。近《ちか》くの島《しま》のしんせきの家《いえ》に避難《ひなん》するために、すでに借《か》りている人《ひと》もいた。

えさについても、避難《ひなん》させるペット用《よう》のほか、避難《ひなん》させるのがむずかしい、のらねこ用《よう》のえさもたくさん用意《ようい》された。

島《しま》の人《ひと》たちと避難《ひなん》する犬《いぬ》やねこは、一匹《ぴき》ずつケージに入《い》れて、船《ふね》に乗《の》せるのだ。

「行《い》った先《さき》で、ペットはどうなるのか？　いっしょにいられるのか？」

「さあ……」

「人《ひと》と動物《どうぶつ》は、別々《べつべつ》だと聞《き》いているが」

避難《ひなん》させる動物《どうぶつ》は、ペットだけではない。

牛《うし》やニワトリもいくつかのグループに分《わ》けて、貨物船《かもつせん》に乗《の》せることになっていた。

噴火災害《ふんかさいがい》は、動物《どうぶつ》たちにとっても、大《おお》きなできごとだった。島《しま》から出《で》るのも、船《ふね》に乗《の》るのも初《はじ》めて、という動物《どうぶつ》がほとんどだった。


「ムサシをせまいところに入《い》れるなんて、かわいそうだな。せめて、船《ふね》の時間《じかん》まで自由《じゆう》にしておいてやろう」

と、リョウさんは、ムサシのリードをはずした。そして、着《き》がえのシャツや下着《したぎ》などをバッグにつめこんだ。ムサシには、新《あたら》しいリードを用意《ようい》しておいた。

「さて、そろそろ港《みなと》に集合《しゅうごう》する時間《じかん》だな。ムサシを呼《よ》ばなくては」

時計《とけい》とにらめっこしていると、ムサシは小屋《こや》の前《まえ》にもどっていた。

「おまえはいい子《こ》だ。ちゃんと帰《かえ》ってきたんだな。これから大変《たいへん》だけど、がんばっていこうな。きたないリードじゃはずかしいから、きれいなのをつけていこう」

リョウさんは、ムサシの首輪《くびわ》にリードの金具《かなぐ》をつけかえようとした。すると、ムサシは、するりとリョウさんの手《て》から離《はな》れた。

「こらこら、ふざけているひまはないぞ」

リョウさんが後《あと》を追《お》うと、ムサシは走《はし》り出《だ》し、あっという間《ま》に姿《すがた》を消《け》した。

リョウさんはあせった。バイクで、いつもムサシと通《とお》る道《みち》を探《さが》した。空港《くうこう》やムサシのお気《き》に入《い》りの草原《そうげん》にも走《はし》った。

「あらっ、リョウさん、どうしてバイクに乗《の》っているの？　ムーちゃんはどうしたの？　うちのコロは、主人《しゅじん》と先《さき》に港《みなと》に行《い》ってるわよ。わた

しは大事《だいじ》な物《もの》を忘《わす》れて取《と》りにもどったの」

リョウさんは、リュックをせおっている真野《まの》さんの奥《おく》さんに声《こえ》をかけられた。両手《りょうて》に大《おお》きなバッグを下《さ》げている。

「おれは荷物《にもつ》が少《すく》ないから、バッグを持《も》っていきましょうか」

リョウさんも真野《まの》さんも、島《しま》から出《で》る最後《さいご》の船《ふね》に乗《の》ることになっている。

「ありがとう。でも、だいじょうぶ。これからは、人《ひと》にあまえてはいられないもの」

「分《わ》かりました。すぐにムサシを連《つ》れていきます」

リョウさんは、笑顔《えがお》で真野《まの》さんに手《て》をふったが、首《くび》すじには冷《ひ》や汗《あせ》がにじみ出《で》てきた。

これまでムサシは、リョウさんを困《こま》らせるようなことは一度《ど》もなかった。

「しばらくあわただしかったから、ムサシなりに何《なに》か感《かん》じとっていたのかな。おれの声《こえ》が聞《き》こえているはずだ、どこかにかくれておれのようすを見《み》ているんだ。そのうち飛《と》び出《だ》してくるかもしれない」

リョウさんは、もう一度《ど》、同《おな》じ道《みち》を探《さが》したが、ムサシは見《み》つからなかった。とうとう、船《ふね》が出《で》る時間《じかん》になってしまった。しかたなく、リョウさんはひとりで船《ふね》に乗《の》った。

「ムサシは一体《いったい》どこに行《い》ったんだろう。心配《しんぱい》だな。でも、どうせすぐ島《しま》にもどるんだ。ムサシは、えさを見《み》つけて、なんとかやっていけるだろう。がんばってもらおう」

船《ふね》の中《なか》では、人《ひと》とペットは別々《べつべつ》だった。

真野《まの》さんは、船《ふね》に乗《の》る前《まえ》に、コロに声《こえ》をかけてやりたかった。でも、港《みなと》はごったがえしていて、そんなひまがなかった。真野《まの》さんは船《ふね》の中《なか》でもコロのことが気《き》になって、ずっと休《やす》めなかった。

島《しま》をたって六時間《じかん》、船《ふね》は夜《よる》の八時《じ》すぎに竹芝桟橋《たけしばさんばし》に着《つ》いた。冷房《れいぼう》がきいていた船《ふね》を降《お》りると、海《うみ》からの風《かぜ》はむし暑《あつ》く、人々《ひとびと》のざわめきが、桟橋全体《さんばしぜんたい》をいっそう暑《あつ》くしていた。三宅島《みやけじま》の人《ひと》には、まるで知《し》らない国《くに》に来《き》てしまった感《かん》じだった。桟橋《さんばし》には、船《ふね》の着《つ》くのを待《ま》っている人《ひと》たちが大勢《おおぜい》いた。ペットをひきうける人《ひと》たちも、待《ま》ちうけていた。

飼《か》い主《ぬし》は、犬《いぬ》やねこが船《ふね》から降《お》ろされてくるのを待《ま》った。ケージが運《はこ》ばれてくると、

「わたしたちは、犬《いぬ》やねこのお世話《せわ》をするボランティアです」

「みなさん、ご自分《じぶん》のわんちゃん、ねこちゃんの確認《かくにん》をしてください」

という声《こえ》の後《あと》に、飼《か》い主《ぬし》の名前《なまえ》が、ハンドマイクで呼《よ》ばれ始《はじ》めた。飼《か》い主《ぬし》は、名札《なふだ》を

確《たし》かめながら、ケージの中《なか》のペットに声《こえ》をかけた。不安《ふあん》そうな目《め》の犬《いぬ》や、うずくまっているねこを、せいいっぱい元気《げんき》づけた。

ペットとは、また、すぐに別《わか》れなければならなかった。とりあえず、動物保護相談《どうぶつほごそうだん》センターや、ひきとり手《て》の動物病院《どうぶつびょういん》やボランティアのもとに運《はこ》ばれていく。落《お》ち着《つ》き先《さき》については、飼《か》い主《ぬし》の希望《きぼう》もとり入《い》れられるということだ。それぞれ、迎《むか》えの車《くるま》に乗《の》るケージを見送《みおく》った。

「真野《まの》さんのコロくんは、さくら動物病院《どうぶつびょういん》に行《い》きます」

「コロ、おりこうにしているんだよ。すぐに迎《むか》えに行《い》くからね」

真野《まの》さんは、ケージの中《なか》のコロに声《こえ》をかけた。年《とし》とったコロには、動物病院《どうぶつびょういん》は安心《あんしん》な場《ば》だと、真野《まの》さんはほっとした。

島《しま》の人々《ひとびと》は、その夜《よる》から数日間《すうじつかん》、国立《こくりつ》オリンピック記念青少年総合《きねんせいしょうねんそうごう》センターに落《お》ち着《つ》いた。直接《ちょくせつ》、しんせきの家《いえ》に向《む》かう家族《かぞく》もあった。

こうして、約《やく》三千八百人《にん》の三宅島《みやけじま》の人々《ひとびと》の避難生活《ひなんせいかつ》が始《はじ》まった。

ひとりぼっちのムサシ

避難《ひなん》する人《ひと》たちが乗《の》る最後《さいご》の船《ふね》が出《で》る日《ひ》。

リョウさんは、朝《あさ》、押《お》し入《い》れから下着《したぎ》や靴下《くつした》をひっぱり出《だ》して、バッグにつめこんだ。

「避難先《ひなんさき》では、仕事《しごと》はどうなるんだろうな。体《からだ》を動《うご》かさないと、調子《ちょうし》が悪《わる》くなっちまう」

ブツブツ言《い》いながら、タオルケットやまくらをまるめて押《お》し入《い》れに入《い》れた。

「さてと、朝《あさ》めしにするか。ムサシ、待《ま》たせたな。残《のこ》り物《もの》でもかたづけるか」

リョウさんは、冷蔵庫《れいぞうこ》から出《だ》した魚《さかな》の干物《ひもの》を電子《でんし》レンジで温《あたた》めた。ありったけの四個《こ》の卵《たまご》で、目玉焼《めだまや》きを作《つく》った。そして、ムサシの食器《しょっき》に半分入《はんぶんい》れた。

「そうだ、とうふもあったな。ムサシも食《た》べるか？　冷《ひ》ややっこだぞ。腹《はら》をいっぱいにしておけよ」

おそい朝《あさ》ごはんの間《あいだ》も、不気味《ぶきみ》な地鳴《じな》りが続《つづ》いていた。

リョウさんは、新聞《しんぶん》を時間《じかん》どおりに配達《はいたつ》できなくなってから、ずっと機嫌《きげん》が悪《わる》い。

「あちこち通行止《つうこうど》めで、バイクが走《はし》れないから、おまえはうちで待《ま》ってろ」

留守番《るすばん》が多《おお》くなったムサシにしても、調子《ちょうし》が悪《わる》い。

リョウさんは、ムサシを小屋《こや》の横《よこ》のクイにつないで出《で》かける。ムサシが噴火《ふんか》の音《おと》に驚《おどろ》いて、どこかに走《はし》り去《さ》ってはいけないと、リョウさんは注意《ちゅうい》していたのだ。

ムサシは、ただごとならない気配《けはい》を感《かん》じとっていた。リョウさんは、新聞配達《しんぶんはいたつ》のない休刊日《きゅうかんび》などには、空港《くうこう》や学校《がっこう》のまわりを散歩《さんぽ》してくれる。ところが最近《さいきん》では、散歩《さんぽ》どころか、ムサシに話《はな》しかけることも少《すく》なくなっていた。

船《ふね》の出《で》る三十分前《ぷんまえ》には、港《みなと》に行《い》かなければならない。リョウさんは、お昼《ひる》をすぎたころから、時計《とけい》を気《き》にしはじめた。

「きれいなのをつけていこう」

リョウさんが、用意《ようい》しておいた新《あたら》しいリードを、ムサシの首輪《くびわ》につけようとした時《とき》、ムサシはぶるんと首《くび》をふって、リョウさんの手《て》をくぐりぬけた。ほんの一瞬《いっしゅん》だった。

「こら、待《ま》て！」

リョウさんは、さけんでムサシをつかまえようとした。でも、ムサシは走《はし》った。

ムサシは、しばらく走《はし》ると、足《あし》をとめてふりかえった。リョウさんが追《お》ってくる。

ムサシは、ひさしぶりに思《おも》いきり走《はし》った。

足《あし》は、いつも行《い》く草原《そうげん》に向《む》かっていた。気持《きも》ちいい風《かぜ》が吹《ふ》く、お気《き》に入《い》りの草原《そうげん》でしばらく休《やす》んだ。でも、いつものように休《やす》まらない。こんな時《とき》は、場所《ばしょ》を変《か》えたほうがいい。気《き》の向《む》くまま歩《ある》いていくと、一軒《けん》の家《いえ》の庭《にわ》に、マットレスがあるのを見《み》つけた。むぞうさに窓《まど》の下《した》に積《つ》んである。家《いえ》の中《なか》に人《ひと》の気配《けはい》はない。

ムサシは、そのマットレスの上《うえ》で休《やす》むことにした。この家《いえ》の人《ひと》は、前《まえ》の日《ひ》に避難《ひなん》していた。ムサシは、だれにも昼寝《ひるね》をじゃまされずに眠《ねむ》った。でも、すぐに目《め》ざめた。

家《いえ》にもどろうとしたムサシの耳《みみ》に、船《ふね》の汽笛《きてき》が聞《き》こえてきた。港《みなと》を離《はな》れ、島《しま》から遠《とお》ざかる船《ふね》が見《み》えた。

家《いえ》への道《みち》の途中《とちゅう》で、見《み》かけない三匹《びき》のねこに会《あ》った。

ねこたちは、毛《け》を逆立《さかだ》ててみがまえた。ムサシが手出《てだ》しをしないと分《わ》かると、三匹《びき》は連《つ》れだって走《はし》り去《さ》った。

その時《とき》、大《おお》きな地鳴《じな》りがした。ムサシは、思《おも》わず足《あし》をとめた。

「ゲホッ、ゲホッ」

のどに何《なに》かひっかかったような痛《いた》みを感《かん》じて、はげしくせきこんだ。

「ハアーッ、ハアーッ」

しばらくふせて、息《いき》を整《ととの》えた。そして、みぞにたまっている水《みず》を飲《の》んだ。いやな味《あじ》がした。火山灰《かざんばい》のまざった水《みず》だった。

ムサシは、家《いえ》に急《いそ》いだ。

家《いえ》に着《つ》いたのに、人《ひと》の声《こえ》もテレビの音《おと》もしない。でも、部屋《へや》にはリョウさんのシャツとズボンがぶらさがったままだ。リョウさんは、部屋《へや》の中《なか》にはったロープに、いつも洗濯物《せんたくもの》をほしている。

ムサシは、コロの家《いえ》に行《い》ってみた。柴犬《しばいぬ》にしては大《おお》きすぎる小屋《こや》のそばに、やっぱり大《おお》きすぎる食器《しょっき》がころがっている。

おなかがすいてきたムサシは、コロの食《た》べ残《のこ》しのえさをたいらげた。

日《ひ》が暮《く》れてきたので、家《いえ》にもどった。まっ暗《くら》な家《いえ》は、ひっそりとしていた。

(リョウさんは、どこに行《い》っちゃったんだろう?)

ムサシは、小屋《こや》で眠《ねむ》った。

つぎの朝《あさ》、ムサシは寝《ね》ぼうした。

「さあ、出《で》かけるぞーっ」という、いつものリョウさんの声《こえ》がなかったからだ。

ムサシは、いつもリョウさんと走《はし》る道《みち》をたどってみた。

手《て》をふって海《うみ》に急《いそ》ぐおじさんにも、おにぎりを分《わ》けてくれるおばあさんにも会《あ》わない。

ムサシはしかたなく家《いえ》にもどったが、人《ひと》の気配《けはい》はない。

また、コロの家《いえ》に行《い》った。小屋《こや》の横《よこ》のポリバケツから、いいにおいがただよってくる。

そういえば、真野《まの》さんは、そのバケツの中《なか》の袋《ふくろ》から、カップでえさの量《りょう》を計《はか》って、コロに与《あた》えていた。

「いけない。いけない。つい多《おお》くあげすぎてしまう」と言《い》い、「ムーちゃんにも、あげようね」と、えさを分《わ》けてくれた。

昨日《きのう》は気《き》づかなかったのに、今日《きょう》のムサシの鼻《はな》は、かすかなにおいをキャッチした。

ムサシはポリバケツに飛《と》びついた。バケツはすぐにころがって、袋《ふくろ》からドライフードが、バラバラとこぼれた。

おなかがいっぱいになると、また、家《いえ》にもどった。リョウさんの部屋《へや》の中《なか》の洗濯物《せんたくもの》は、ロープにかかったままだ。風《かぜ》がどこからか入《はい》るのだろう。すっかりかわいているシャツとズボンがゆれていた。この夜《よる》も、ムサシは、自分《じぶん》の小屋《こや》で眠《ねむ》った。

ムサシはどこを歩《ある》きまわっても、日《ひ》に一度《ど》は家《いえ》にもどった。

家《いえ》にたどりつくのに、だんだん時間《じかん》がかかるようになった。途中《とちゅう》の道《みち》には大《おお》きな石《いし》がころがっていて、まわり道《みち》をしなければならなかった。倒《たお》れた木《き》が、道《みち》をふさいでいることもあった。

横《よこ》たわった木《き》の下《した》に、巣《す》ごと落《お》ちた鳥《とり》のヒナがいた。弱々《よわよわ》しいヒナの声《こえ》がした。

「ピピピピピ、ピイピイ」

ムサシがよく耳《みみ》にしている声《こえ》だ。木《き》が倒《たお》れた時《とき》、親鳥《おやどり》はいなかったのだろうか。ヒナを見《み》すててどこかに飛《と》んでいってしまったのだろうか。それとも、ムサシがいるので、近《ちか》くの木《き》からヒナを見《み》ているのだろうか。

ヒナは、近《ちか》づいたムサシを親鳥《おやどり》だと思《おも》ったのだろうか。なおも、弱々《よわよわ》しく鳴《な》き続《つづ》けた。そして、ムサシににじりよってきた。

ムサシは、ヒナをパクッとひと飲《の》みした。

それからのムサシは、鳥《とり》の声《こえ》に耳《みみ》をすますようになった。うまく見《み》つけさえすれば、ヒナはとらえやすかった。ヒナだけでなく、おなかの足《た》しになりそうなものは、なんでも口《くち》にした。

ある日《ひ》、ムサシが家《いえ》にもどってみると、庭《にわ》に小《ちい》さな石《いし》ころのまざった黒灰色《こっかいしょく》の土《つち》が積《つ》もっていた。ムサシの小屋《こや》は、窓《まど》の下《した》に横倒《よこだお》しになっていた。ムサシは、小屋《こや》の上《うえ》に乗《の》ってみた。すると、リョウさんの部屋《へや》の中《なか》がよく見《み》えた。半分《はんぶん》あいた押《お》し入《い》れから、タオルケットがはみ出《で》ていた。火山《かざん》ガスのせいか、家《いえ》のまわりの木《き》の枝《えだ》も幹《みき》も白《しろ》くなっている。景色《けしき》が変《か》わっていた。

「ゴホゴホッ。ゴホゴホッ」

ムサシは、歩《ある》きながら何回《なんかい》もせきをした。

ゴオーッ。地鳴《じな》りがするたびに、大《おお》きな石《いし》のかげなどで休《やす》むことにした。小石《こいし》のまざった灰《はい》が降《ふ》ってきて、もっと苦《くる》しくなることが分《わ》かったからだ。

雨《あめ》が降《ふ》ると、積《つ》もった灰《はい》が流《なが》れ出《だ》した。

ムサシは、毛《け》の間《あいだ》にびっしりと入《はい》りこんだ灰《はい》を、ブルンとふるいおとそうとしたが、はりついた灰《はい》は、体《からだ》をふるってもなかなか落《お》ちない。

以前《いぜん》のムサシは、雨水《あまみず》シャワーでよごれを落《お》としていた。それでじゅうぶんだった。

しかし、灰《はい》まじりの雨《あめ》は、きれいになるどころか、ムサシをいっそう灰《はい》まみれにした。

ゴワゴワになってムズムズする体《からだ》を、岩《いわ》にこすりつけてみた。

すると、横腹《よこばら》の毛《け》がところどころぬけた。歩《ある》き続《つづ》けたせいか、つめが割《わ》れていた。休《やす》んでは、にじみでる血《ち》をなめた。

ムサシは、食《た》べられるものは、カエルもヘビの卵《たまご》も、くさっているトリ肉《にく》も口《くち》にした。落《お》ちているセミやトンボは、まずくてどうにも食《た》べられなかった。気持《きも》ちが悪《わる》くなっ

て、はき続《つづ》けることもあった。そんな時《とき》は、しばらく何《なに》も食《た》べずに草《くさ》むらでふせていた。

ある日《ひ》、ムサシは、港《みなと》でひさしぶりに人《ひと》の声《こえ》を聞《き》いた。木《こ》かげでじっと見《み》ていると、

「これでは足《た》りないだろうな」

「毎日《まいにち》は来《こ》られないからな」

大《おお》きな袋《ふくろ》をかかえた、二人《ふたり》の男《おとこ》の人《ひと》が話《はな》している。そこに、ワッと二十匹《ぴき》ほどのねこが集《あつ》まってきた。

保健所《ほけんじょ》の職員《しょくいん》が、ねこにえさを持《も》ってきていたのだ。のらねこや避難《ひなん》できなかった飼《か》いねこたちのために、島《しま》の中《なか》の三か所《しょ》にえさを置《お》いていた。

おいしそうなにおいが、ムサシの鼻《はな》を刺激《しげき》した。ムサシは、飛《と》び出《だ》していって、むさぼりたいのをがまんした。ねこの数《かず》の多《おお》さに、おじけづいていた。しばらくして、ねこたちは食《た》べ終《お》わり、それぞれ顔《かお》を洗《あら》ったり、体《からだ》をなめたりして、くつろぎはじめた。

ムサシは、じっと待《ま》った。やっと二匹《ひき》になったところで、えさを目《め》がけて走《はし》っていったが、もうひと粒《つぶ》のえさも残《のこ》っていなかった。

犬《いぬ》がいるぞ！

島《しま》の人《ひと》たちが避難《ひなん》して、間《ま》もなく一年《ねん》になろうとしていた。大《おお》きな噴火《ふんか》のおそれはなくなったものの、有毒《ゆうどく》な火山《かざん》ガスが噴出《ふんしゅつ》していた。そのため、帰島《きとう》のめどはたっていなかった。

全島民《ぜんとうみん》が避難《ひなん》したとはいえ、島《しま》が無人《むじん》になったわけではない。噴火《ふんか》のようすを観測《かんそく》している人《ひと》や、動植物《どうしょくぶつ》の調査《ちょうさ》や研究《けんきゅう》をしている人《ひと》たちが残《のこ》っていた。

積《つ》もった火山灰《かざんばい》や泥《どろ》で、通《とお》れなくなった道路《どうろ》や、こわれた橋《はし》の工事《こうじ》。崩《くず》れた山《やま》の斜面《しゃめん》で、さらに土砂《どしゃ》が崩《くず》れないよう作業《さぎょう》をしている人《ひと》たちもいた。

そして、何《なに》よりも急《いそ》がれていたのは、島《しま》をめぐる道路《どうろ》と電気《でんき》の工事《こうじ》だった。水道管《すいどうかん》をつなぐ工事《こうじ》も始《はじ》まっていた。

風向《かざむ》きによっては、ガスにおおわれ、工事《こうじ》がはかどらない日《ひ》もあったが、島《しま》の復旧工事《ふっきゅうこうじ》は進《すす》んでいた。

無人《むじん》になった民家《みんか》の見《み》まわりをしている人《ひと》たちもいた。

夜中《よなか》に小《ちい》さな船《ふね》で島《しま》にやってきて、盗《ぬす》みを働《はたら》く心《こころ》ない人《ひと》がいたからだ。かぎはかかっていても、窓《まど》ガラスや雨戸《あまど》がやぶれている。飛《と》んできた大《おお》きな石《いし》で、屋《や》根《ね》にぽっかりと穴《あな》があいてしまった家《いえ》もある。そんな家《いえ》は、どろぼうにはつごうのいい家《いえ》だ。そのためのパトロールが必要《ひつよう》だった。

「人《ひと》が困《こま》っているのに、ひどいことをするもんだ」

パトロールしている人《ひと》は、土砂《どしゃ》の積《つ》もった室内《しつない》に残《のこ》っている足跡《あしあと》を見《み》て、いやな気持《きも》ちになった。

これらの仕事《しごと》をしている人《ひと》たちは、火山《かざん》ガスの流《なが》れこまない、『クリーンハウス』に泊《と》まっていた。

とくに、噴火被害《ふんかひがい》のひどい地域《ちいき》の人《ひと》たちは、

「家《いえ》がどのくらい傷《いた》んでいるのか、見《み》にいきたい」と、一時帰島《いちじきとう》を望《のぞ》んでいた。

島《しま》では、一時帰島《いちじきとう》する人《ひと》たちが、休《やす》んだり泊《と》まったりできるよう、『クリーンハウス』を増設《ぞうせつ》していた。

「九月《がつ》になったら、たとえ日帰《ひがえ》りでも、島《しま》に行《い》ける」というニュースは、祈《いの》るような気《き》持《も》ちで、帰島《きとう》の日《ひ》を待《ま》っている島《しま》の人《ひと》たちにとって、いい知《し》らせだった。

二〇〇一年《ねん》八月《がつ》二十九日《にち》。

「おいおい、あいつ、ねこにしてはでかいとは思《おも》わないか？」

「犬《いぬ》だ。犬《いぬ》がいるぞ！」

ねこのえさを食《た》べているムサシだった。

ムサシに気《き》づいたのは、パトロール中《ちゅう》の役場《やくば》の職員《しょくいん》だった。

保健所《ほけんじょ》では、島民《とうみん》が避難《ひなん》して一か月後《げつご》くらいから、決《き》めた場所《ばしょ》でねこ用《よう》のえさをまいていた。とり残《のこ》されたのらねこや、飼《か》い主《ぬし》がいても、避難《ひなん》できなかったねこに食《た》べさせるためだった。えさ場《ば》に集《あつ》まるねこの数《かず》の調査《ちょうさ》もしていた。

ムサシは、ねこのえさがあることに気《き》づいてからは、必《かなら》ずえさ場《ば》に行《い》った。いつも、おなかいっぱい食《た》べられるわけではない。だから、食《た》べられる時《とき》には、ねこの間《あいだ》にわりこんで、夢中《むちゅう》で食《た》べた。

初《はじ》めのうちは毛《け》を逆立《さかだ》てていたねこたちとも、いつの間《ま》にか仲間《なかま》のようになっていた。食《た》べると眠《ねむ》り、えさになるものを探《さが》し歩《ある》いた。のどがかわいたら、水《みず》のにおいをかぎわけて、たまっている雨水《あまみず》を飲《の》んだ。

職員《しょくいん》は、車《くるま》から降《お》りると口笛《くちぶえ》を吹《ふ》き、ムサシに手《て》まねきした。

「おいで」

(リョウさんかな?)

ムサシは、一瞬《いっしゅん》、耳《みみ》をそばだてた。ひさしぶりに自分《じぶん》を呼《よ》んでくれた、人《ひと》の声《こえ》がなつかしかった。声《こえ》をかけた職員《しょくいん》のほうを見《み》た。もう一度《ど》手《て》まねきされると、その職員《しょくいん》の足《あし》もとにゆっくりと近《ちか》づいた。

「おまえは、どこの犬《いぬ》だ?　のら犬《いぬ》か?　あれっ、首輪《くびわ》をしている」

職員《しょくいん》は、ムサシの首輪《くびわ》に手《て》をかけた。

「首輪《くびわ》にこびりついた灰《はい》が、かたまっている。これをつけっぱなしにしていたら、首《くび》が傷《きず》ついてしまうよ」

職員《しょくいん》が首輪《くびわ》をはずしてくれる間《あいだ》、ムサシはじっとしていた。こすれた首輪《くびわ》の跡《あと》は、すり切《き》れた毛《け》が短《みじか》くなっていた。

ムサシは、車《くるま》に乗《の》せられた。

「この犬《いぬ》は、人《ひと》なつこくておとなしい。きっと、かわいがられていたんだろうな」

「飼《か》い主《ぬし》は、心配《しんぱい》しているだろうに」

「一年間《ねんかん》、よくがんばっていたものだ」

「ねこのえさ場《ば》で、ほかにも犬《いぬ》を見《み》たことがあるよ。でも、人《ひと》を見《み》て逃《に》げてしまったからのら犬《いぬ》だろうな」

「ほかにも犬《いぬ》がいるのか。この犬《いぬ》みたいにすぐに来《く》れば、助《たす》けてやれるのに」

仕事《しごと》を終《お》えて、『クリーンハウス』に集《あつ》まった職員《しょくいん》たちは、ムサシの話《はなし》でもちきりだった。ムサシは、もらったパンやおにぎりをガツガツと食《た》べ、皿《さら》の牛乳《ぎゅうにゅう》を音《おと》を立《た》てて飲《の》んだ。そして、ゲホゲホとむせた。

職員《しょくいん》たちは、牛乳《ぎゅうにゅう》で黒《くろ》い鼻先《はなさき》が白《しろ》くなったムサシに大笑《おおわら》いした。

「ほらほら、あわてるな。一年間《ねんかん》生《い》きのびてきて、ここで窒息死《ちっそくし》するな」

職員《しょくいん》たちの笑《わら》いの中《なか》で、ムサシは、なおも食《た》べ続《つづ》けた。

「おまえのおかげで、ひさしぶりに思《おも》いっきり笑《わら》えたよ。おれの弁当《べんとう》も分《わ》けてやるぞ」

ひとりが包《つつ》みをあけようとすると、

「だめだめ、急《きゅう》にたくさん食《た》べさせたらおなかをこわすよ。少《すこ》し時間《じかん》をおいてからにしたほうがいい」と、ひとりがとめた。

「うちにもおまえとよく似《に》ている犬《いぬ》がいるんだ。しんせきの家《いえ》であずかってもらっているんだ。あいつ、どうしているかなあ」

家族《かぞく》を避難《ひなん》させ、自分《じぶん》だけが島《しま》に残《のこ》っているという職員《しょくいん》は、しんみりと言《い》った。

ムサシのおなかは、もうこれ以上《いじょう》はつめこめないくらいふくらんでいた。

「いっぱいになったようだな。きょうはここで安心《あんしん》して休《やす》め」

興奮《こうふん》のおさまらないムサシは、目《め》をぱっちりとあけ、職員《しょくいん》たちを見《み》まわしていた。

やがて、前足《まえあし》にあごをのせると、眠《ねむ》りについた。

「この災害《さいがい》では、犬《いぬ》も苦労《くろう》したんだな。早《はや》くもとの生活《せいかつ》がもどるといいな」

ときどき、ピクピクとけいれんするように足《あし》を動《うご》かすムサシの背中《せなか》を、職員《しょくいん》はそっとなでた。

するとムサシは、ビクッと目《め》をあけ、耳《みみ》を立《た》てた。ムサシの鼻《はな》の穴《あな》や耳《みみ》の中《なか》には、黒《くろ》っぽい灰《はい》がこびりついていた。

ムサシは、翌日《よくじつ》には調査船《ちょうさせん》に乗《の》せられ、三宅島《みやけじま》を出《で》ることになった。

竹芝桟橋《たけしばさんばし》に着《つ》くと、都《と》の職員《しょくいん》によって、動物愛護相談《どうぶつあいごそうだん》センターに連《つ》れていかれた。

そして、ムサシの飼《か》い主探《ぬしさが》しが始《はじ》まった。

生《い》きていてくれてありがとう

「島《しま》で犬《いぬ》を発見《はっけん》。三、四歳《さい》の柴犬《しばいぬ》のメス。元気《げんき》です。心《こころ》あたりの人《ひと》は、申《もう》し出《で》てください」

ムサシは、顔写真《かおじゃしん》つきで三宅島民向《みやけとうみんむ》けのニュースにのった。

「みんなが避難《ひなん》してから、一年目《ねんめ》に見《み》つかるなんて。きっと、おまえの飼《か》い主《ぬし》は驚《おどろ》くぞ。よかったな」

人《ひと》なつこいムサシは、船《ふね》の中《なか》でも、いろんな人《ひと》から声《こえ》をかけられていた。

動物愛護相談《どうぶつあいごそうだん》センターで、飼《か》い主《ぬし》を待《ま》つことになったムサシは、おなかいっぱいになるまで食《た》べた。もう、えさ探《さが》しをしなくてもいいのに、この時《とき》とばかりに食《た》べ、横《よこ》たわっていた。

ニュースが出《で》て、数日《すうじつ》しても飼《か》い主《ぬし》はあらわれない。問《と》い合《あ》わせの電話《でんわ》もない。

「へんだなあ。こんなにおだやかな犬《いぬ》だ。だれかに飼《か》われていたにちがいないのに。おまえの飼《か》い主《ぬし》はどうしたのかな」

話《はな》しかけながら、ムサシをよく見た係《かか》りの人《ひと》は、気《き》がついた。

「あれっ、おまえ、オスだったのか」

ニュースには、「先日《せんじつ》、一年目《ねんめ》に保護《ほご》された犬《いぬ》は、メスではなくオスでした」という訂正記事《ていせいきじ》が出《で》た。

こんどは、すぐに連絡《れんらく》が来《き》た。

「わたしの犬《いぬ》だと思《おも》います。名前《なまえ》はムサシです」

はずんだ声《こえ》は、もちろんリョウさんだ。リョウさんは、最初《さいしょ》のニュースを見《み》た時《とき》、ドキッとした。写真《しゃしん》はムサシにちがいなかった。でも、すぐにがっかりした。島《しま》にはムサシに似《に》ている犬《いぬ》がいる。ムサシのほかにも、避難《ひなん》できなかった犬《いぬ》がいたのかと思《おも》った。

「メスか。ムサシも生《い》きていれば、助《たす》けてもらえたかもしれないのに。でも、もう生《い》きていないだろうな…」

リョウさんは、島《しま》に行《い》く前《まえ》につとめていた、都内《とない》の新聞販売店《しんぶんはんばいてん》で仕事《しごと》をしていた。

「リョウさんが三宅島《みやけじま》からもどってこないので、島《しま》を気《き》に入《い》ったのだから仕方《しかた》ないとあきらめていた。島《しま》に帰《かえ》れる日《ひ》まで、またここで働《はたら》いて」

と言《い》われて、その販売店《はんばいてん》に住《す》みこませてもらっていたのだ。

リョウさんは、新聞配達《しんぶんはいたつ》の途中《とちゅう》でムサシに似《に》た犬《いぬ》を見《み》るたびに、胸《むね》が痛《いた》んでいた。

「許《ゆる》してくれ。ムサシ」

いまさらのように悔《く》やみ、心《こころ》の中《なか》であやまっていた。

「見《み》つかった犬《いぬ》は、やっぱりムサシだよ」

リョウさんに、訂正記事《ていせいきじ》のことを知《し》らせてくれる人《ひと》がいた。事情《じじょう》は一変《いっぺん》した。

それで、リョウさんはすぐにセンターに連絡《れんらく》した。

「ムサシと、名前《なまえ》を呼《よ》んでみてください。ムサシだったら、返事《へんじ》をしますから」

リョウさんは係《かか》りの人《ひと》に言《い》い、電話《でんわ》を切《き》らずに待《ま》った。しばらくすると、

「ムサシくんにまちがいないでしょう。名前《なまえ》を呼《よ》ぶと、耳《みみ》を立《た》てました。もう一度《ど》呼《よ》んだら、おすわりをして、前足《まえあし》を上《あ》げましたよ」

「そうですか。それがムサシの返事《へんじ》です。わたしのムサシです！」

リョウさんは、店《みせ》の主人《しゅじん》にわけを話《はな》して、センターに急《いそ》いで出《で》かけた。

ケージの中《なか》でふせていたムサシは、立《た》ち上《あ》がると、体《からだ》をブルンとふった。なつかしい足音《あしおと》が近《ちか》づいてきたからだ。

（リョウさんかな？）

ムサシはおすわりをすると、リョウさんの声《こえ》を待《ま》った。

リョウさんは、ケージの中《なか》ですわっている犬《いぬ》が、ムサシだとすぐに分《わ》かった。ムサシの後《うし》ろ足《あし》をくずしたおすわりの仕方《しかた》が、何《なに》よりの証拠《しょうこ》だった。

ムサシは、ケージをあけてもらう数十秒《びょう》の間《あいだ》ももどかしく、足《あし》ぶみをしていた。

（リョウさんだ！）

ムサシは、しゃがんで両手《りょうて》を広《ひろ》げたリョウさんに飛《と》びついた。そして、何回《なんかい》もこれ以《い》上《じょう》はねられないというくらい高《たか》くジャンプした。

「ムサシ、よく生《い》きていてくれた。ありがとう。少《すこ》しやせたみたいだな…。ごめんよ。ごめんよ」

何回《なんかい》も何回《なんかい》もジャンプをして、ムサシは喜《よろこ》びを表《あらわ》した。

リョウさんは、ムサシの首《くび》や、ごわごわしている背中《せなか》をなでた。やせてはいるが、ム

サシの体《からだ》は、骨格《こっかく》がしっかりとして、以前《いぜん》よりたくましくなっていた。

「せっかく会《あ》えたけど、すぐにいっしょには暮《く》らせないんだ。島《しま》にもどれるまで、がまんしてくれ。ごめんな…」

ムサシは、その後《ご》もしばらく動物愛護相談《どうぶつあいごそうだん》センターにとどまることになった。がんばったムサシをのびのびさせてやりたい。せまいところにとじこめておくのはかわいそうだ。早《はや》くなんとかしてやりたい。

(どうして、行《い》っちゃうの？　迎《むか》えにきてくれたんじゃないの？)

そんな顔《かお》のムサシが、リョウさんの頭《あたま》から消《き》えなかった。でもいまは、元気《げんき》なムサシに会《あ》えたことを喜《よろこ》ぼうと、リョウさんは思《おも》った。

だれもが待《ま》ち望《のぞ》んでいる帰島《きとう》の見通《みとお》しは、なかなか立《た》たなかった。とくに、ペットと離《はな》ればなれになっている人《ひと》たちの「いっしょに暮《く》らしたい」という願《ねが》いもかなわないままだった。

二〇〇一年《ねん》三月《がつ》。東京都日野市《とうきょうとひのし》に『三宅島噴火災害動物救援《みやけじまふんかさいがいどうぶつきゅうえん》センター』が開《ひら》かれた。ムサシが保護《ほご》される五か月前《げつまえ》だ。

救援《きゅうえん》センターには、都営住宅《とえいじゅうたく》などで飼《か》い主《ぬし》と暮《く》らせない犬《いぬ》やねこが集《あつ》められていた。

救援《きゅうえん》センターのほかには、動物愛護相談《どうぶつあいごそうだん》センターや、「帰島《きとう》まであずかります」という動物病院《どうぶつびょういん》やボランティアの家庭《かてい》で暮《く》らしているペットもいた。

動物救援《どうぶつきゅうえん》センターでは、被災動物《ひさいどうぶつ》を心配《しんぱい》する多《おお》くのボランティアが、犬《いぬ》やねこの世話《せわ》をしていた。

メンバーは、動物愛護団体《どうぶつあいごだんたい》で気《き》のどくな動物《どうぶつ》のために働《はたら》いている人《ひと》や、新聞《しんぶん》やテレビのニュースで知《し》り、被災《ひさい》した動物《どうぶつ》のために役《やく》に立《た》ちたいと集《あつ》まってきた人《ひと》たちだった。ほとんどが女性《じょせい》で、動物関連《どうぶつかんれん》の専門学校《せんもんがっこう》の学生《がくせい》もいた。

心強《こころづよ》いのは、獣医師《じゅういし》や動物看護師《どうぶつかんごし》がいることだ。獣医師《じゅういし》は、都内《とない》の動物病院《どうぶつびょういん》から交替《こうたい》でやってきていた。毛《け》やつめの手入《てい》れをするトリマーもいた。

救援《きゅうえん》センターの建物《たてもの》の補修《ほしゅう》やエアコンの調節《ちょうせつ》、さらには犬《いぬ》の散歩《さんぽ》コースになる道《みち》でのごみひろいと、直接《ちょくせつ》、動物《どうぶつ》にふれない仕事《しごと》もたくさんあった。

犬《いぬ》やねこは、センターにやってきたら、すぐに健康診断《けんこうしんだん》を受《う》けることになっている。伝染性《でんせんせい》の病気《びょうき》を持《も》っていたら、つぎつぎと移《うつ》ってしまうからだ。犬《いぬ》は、一階《かい》の一匹《ぴき》ずつの部屋《へや》に入《はい》る。ねこは二階《かい》の四つの部屋《へや》に別《わか》れて暮《く》らす集団生活《しゅうだんせいかつ》だ。

飼《か》い主《ぬし》と別《わか》れ、なれない場所《ばしょ》で暮《く》らすストレスから、おなかをこわしたり、ふさぎこんでしまう犬《いぬ》やねこがいる。ボランティアたちは、食《た》べたえさの量《りょう》や便《べん》のようすを注意《ちゅうい》ぶかく見守《みまも》った。

とつぜんの災害《さいがい》と避難生活《ひなんせいかつ》で、心《こころ》と体《からだ》のバランスを失《うしな》うのは、人《ひと》も動物《どうぶつ》も同《おな》じなのだ。

動物愛護《どうぶつあいご》センターにいたムサシは、救援《きゅうえん》センターに移《うつ》されることになった。

ムサシは、獣医《じゅうい》さんが苦手《にがて》だった。動物愛護相談《どうぶつあいごそうだん》センターで、健康診断《けんこうしんだん》してもらった時《とき》のメモに「診断《しんだん》の時《とき》、要注意《ようちゅうい》」の申《もう》し送《おく》りがついていた。

三宅島《みやけじま》での狂犬病《きょうけんびょう》の予防注射《よぼうちゅうしゃ》は、年《ねん》に一、二度近《どちか》くの島《しま》から、獣医《じゅうい》さんが通《かよ》ってきて、行《おこな》われていた。保健所《ほけんじょ》に集《あつ》まって注射《ちゅうしゃ》してもらう。ムサシも受《う》けていた。

でも、病気《びょうき》をしたことのないムサシは、あらためて診療《しんりょう》してもらったことがない。ムサシは、救援《きゅうえん》センターの診療台《しんりょうだい》にのせられるやあばれ始《はじ》めた。仕方《しかた》なく、ボランティアが押《お》さえつけると、センターにひびきわたるほどの声《こえ》をあげた。

「キャーン、キャン、キャーン」

仕事《しごと》をしているボランティアたちも、手《て》をとめるほどの悲鳴《ひめい》だった。

あまりの騒《さわ》ぎに、そのうち、みんなが笑《わら》い出《だ》すほどだ。診察《しんさつ》が終《お》わり、診療台《しんりょうだい》から降《お》りると、同《おな》じ犬《いぬ》とは思《おも》えないほどおとなしくなる。検便《けんべん》のおかげで、ムサシのおなかにたくさんのムシがいることが分《わ》かった。駆虫薬《くちゅうやく》できれいに退治《たいじ》された。

火山灰《かざんばい》がはりついたムサシの体《からだ》は、見《み》た目《め》以上《いじょう》によごれていた。

「何度《なんど》すすげば、落《お》ちるのかしら」

シャンプーしているボランティアたちはあきれた。水《すい》そうの中《なか》には、灰色《はいいろ》の水《みず》がたまっていく。すっかり灰《はい》を落《お》とすのに、二時間《じかん》もかかった。

「まるで色落《いろお》ちした毛皮《けがわ》のコートみたい」

「火山灰《かざんばい》コートは、さぞ暑苦《あつくる》しかったでしょうね」

洗《あら》ってもらっているムサシより、ボランティアたちのほうがびしょぬれになってしまった。

「わたしたちもシャワーで汗《あせ》を流《なが》したいわね」

「ムサシの放浪《ほうろう》していた一年間《ねんかん》って、どんなものだったのかしら」

「話《はな》してごらん、ムサシ。ムサシの放浪記《ほうろうき》をテレビでドラマにしてもらおうよ」

ムサシの体《からだ》は、こげ茶色《ちゃいろ》からやさしいベージュ色《いろ》になった。陽《ひ》ざしに光《ひか》る、ふわっとした毛《け》が、ムサシを幼《おさな》く見《み》せた。

「気持《きも》ちいいーっ」

みんなにさわられたムサシは、てれくさそうに目《め》をほそめていた。

「ムーちゃん」

呼《よ》ばれるとすかさず、ムサシは左前足上《ひだりまえあしあ》げポーズをした。そのしぐさが愛《あい》らしいので、たちまちセンターの人気者《にんきもの》になった。ムサシは、「ムーちゃん、ハイをして」、と言《い》われるとそのつど前足上《まえあしあ》げをした。

「ムーちゃんは、ほんとにずっとひとりで生《い》きていたのかしら。ほかの犬《いぬ》といたとか、ねこと暮《く》らしていたとか…」

「それはなぞね。やっぱり放浪《ほうろう》していたのかしら？」

「それにしても、どんなに人《ひと》が恋《こい》しかったでしょう。よくがんばったわね」

「わたしたち、ムーちゃんに元気《げんき》をもらっているみたい」

みんなうなずいた。ボランティアたちの思《おも》いは同《おな》じだった。

救援《きゅうえん》センターの仲間《なかま》たち

救援《きゅうえん》センターの犬《いぬ》たちは、時間《じかん》とともに、落《お》ち着《つ》いていった。初《はじ》めのうちは、ほえ続《つづ》けたり、部屋《へや》のすみでうずくまっていた犬《いぬ》も、センターの生活《せいかつ》になれていった。

ボランティアたちは、やわらかい色合《いろあ》いの布《ぬの》で、犬《いぬ》の部屋《へや》の窓《まど》のカーテンを作《つく》った。

「高級《こうきゅう》ペットホテルのできあがりー」

「お世話係《せわがか》りのきれいなおねえさんも、ついてまーす」

急《きゅう》にせきこむ犬《いぬ》がいる。すいこんだ火山灰《かざんばい》のせいだろう。そんな犬《いぬ》たちには、水《みず》の入《はい》った器《うつわ》を、口《くち》がとどきやすい高《たか》さにした。

センターの二階《かい》のねこの部屋《へや》は、初《はじ》めは四つ作《つく》り、二十数匹《すうひき》が暮《く》らしていた。仲《なか》のよさそうなねこどうしを、同《おな》じ部屋《へや》で遊《あそ》ばせる。ケージの中《なか》でひとりでいるのが好《す》きなねこは、静《しず》かな部屋《へや》に入《い》れる。ケージにうずくまったまま、えさを食《た》べようとしなかったり、ケージから出《だ》してやると、ほかのねこを攻撃《こうげき》するねこもいた。

それぞれの性格《せいかく》をみて、なるべくストレスにならないような工夫《くふう》をしていた。相性《あいしょう》をみてグループ分《わ》けをして、ひとつの部屋《へや》を仕切《しき》って五つにした。

部屋《へや》の入《い》り口《ぐち》は、二重《にじゅう》ドアにして、ボランティアは、「入《はい》ります」と、中《なか》にいる人《ひと》に声《こえ》をかけてからドアをあけた。また、外部《がいぶ》から来《き》た人《ひと》がうっかりドアをあけないように、ドアには大《おお》きなはり紙《がみ》をした。部屋《へや》から飛《と》び出《だ》してしまったねこをつかまえるのは、とてもむずかしいのだ。

ボランティアたちの合言葉《あいことば》は、「自分《じぶん》がけがをしない。動物《どうぶつ》にけがをさせない。動物《どうぶつ》をにがさない」だった。

そのため、犬《いぬ》の散歩《さんぽ》には二本《ほん》のリードをつけた。一本《ぽん》のリードでは、はずれたときに迷子《まいご》になったり、交通事故《こうつうじこ》の心配《しんぱい》がある。

また、二本《ほん》のリードは、思《おも》いがけない効果《こうか》があった。ひろい食《ぐ》いを防《ふせ》ぐ役《やく》に立《た》った。散歩道《さんぽみち》の草《くさ》むらには、食《た》べ残《のこ》しのべんとうやスナック菓子《がし》など、たくさんの食《た》べものが捨《す》てられている。それらを口《くち》にしておなかをこわす犬《いぬ》もいた。犬《いぬ》が落《お》ちているものを食《た》べそうになると、ボランティアは、リードをぐいっとひっぱってやめさせるのだ。

犬《いぬ》は家族《かぞく》の面会《めんかい》を心待《こころま》ちにしていた。家族《かぞく》の足音《あしおと》が近《ちか》づいてくるとさわぎだす。近《ちか》くの川原《かわら》で家族《かぞく》との散歩《さんぽ》を楽《たの》しみ、数時間《すうじかん》をすごして、センターにもどってくる。

「やっぱり家族《かぞく》っていいのね」

ボランティアたちも、体《からだ》いっぱいにうれしさを表《あらわ》す犬《いぬ》に、心《こころ》なごんでいた。初《はじ》めは家族《かぞく》のあとを追《お》った犬《いぬ》も、面会《めんかい》が重《かさ》なるうち、いっしょに帰《かえ》れないことが分《わ》かってくると、ふりむかずに部屋《へや》にもどっていくようになった。

よくほえる犬《いぬ》が、家族《かぞく》と会《あ》った夜《よる》は、静《しず》かに眠《ねむ》るというケースもあった。なかには、家族《かぞく》から食《た》べさせてもらったおやつで、おなかをこわす犬《いぬ》もいた。ボランティアは、その後《ご》のえさを調節《ちょうせつ》をしていた。

「お世話《せわ》になって、すみません」

「島《しま》に帰《かえ》ったら、民宿《みんしゅく》を再開《さいかい》します。みなさんをいちばん先《さき》にお招《まね》きします」

飼《か》い主《ぬし》たちは、申《もう》しわけなさそうに何度《なんど》も頭《あたま》を下《さ》げて、仮住《かりず》まいにもどっていく。

「わたしたちも、楽《たの》しみにしています」

ボランティアたちは、明《あか》るい声《こえ》で答《こた》える。

救援《きゅうえん》センターにいる犬《いぬ》の中《なか》の最年長《さいねんちょう》は、サンという犬《いぬ》だ。サンの飼《か》い主《ぬし》の寺沢《てらさわ》さん夫《ふ》妻《さい》は、島《しま》で食堂《しょくどう》とつり具《ぐ》の店《みせ》をしていた。

サンは、家族《かぞく》の一員《いちいん》というだけではなかった。朝《あさ》五時《じ》の開店《かいてん》が待《ま》てずに、つり道具《どうぐ》を買《か》いにやってくるお客《きゃく》をほえて知《し》らせる番犬《ばんけん》なのだ。

夜《よる》は夜《よる》で、店《みせ》を閉《し》めてからでも、やってくる人《ひと》がいる。お客《きゃく》かどうかは分《わ》からない。

そんな時《とき》、サンは、近《ちか》づいてくる足音《あしおと》を聞《き》き分《わ》けた。めったにほえないサンが声《こえ》を出《だ》す時《とき》は、要注意《ようちゅうい》ということだ。しっかりもののサンは、店《みせ》に欠《か》かせない番犬《ばんけん》であり、お客《きゃく》さんたちのアイドルだった。

「サンちゃん、ずっと元気《げんき》だった？」

サンは、声《こえ》をかけてくれるお客《きゃく》をおぼえていて、しっぽをふって歓迎《かんげい》した。

そんなサンが、低《ひく》いうなり声《ごえ》をあげ、体《からだ》をくねらせながら、寺沢《てらさわ》さんにまとわりつくという不思議《ふしぎ》な行動《こうどう》をとった。全島民避難《ぜんとうみんひなん》が決《き》まるきっかけになった、大《おお》きな噴火《ふんか》の起《お》きる前《まえ》の晩《ばん》のことだった。

サンは何《なに》か訴《うった》えている。危険《きけん》を知《し》らせているのかもしれないと、寺沢《てらさわ》さんは思《おも》った。

避難《ひなん》してからのサンは、救援《きゅうえん》センターが開《ひら》かれるまで、すぐ近《ちか》くの動物愛護相談《どうぶつあいごそうだん》センター・多摩支所《たまししょ》にいた。

寺沢《てらさわ》さん夫妻《ふさい》は、仮住《かりず》まいの都営住宅《とえいじゅうたく》から、自転車《じてんしゃ》で五十分《ぶん》かけて、サンに会《あ》いに行《い》っていた。しばらく遊《あそ》んだサンが、別《わか》れぎわに、なごりおしそうにふりむいたのは、初《はじ》めの一度《ど》だけだった。

「サンなりに、世話《せわ》をしてくれる人《ひと》に気《き》を使《つか》っているのかな」

「そうですね。わたしたちを困《こま》らせないように、考《かんが》えているんですよ」

ふたりは、胸《むね》をしめつけられるような気《き》がした。つりの好《す》きな寺沢《てらさわ》さんのおともをするのが、大好《だいす》きなサン。何《なに》もできないまま、サンは、生《い》きがいをなくしているにちがいない。

サンは、救援《きゅうえん》センターができるとすぐに移《うつ》された。この時《とき》のサンは、まわりのあわただしいふんいきから、いつもの面会《めんかい》とはちがうと感《かん》じたようだ。寺沢《てらさわ》さんのもとに帰《かえ》れると思《おも》ったのだ。

ところが、また、別《わか》れ別《わか》れになってしまった。サンにとっては、場所《ばしょ》が変《か》わっただけのこと。ショックが大《おお》きかった。

救援《きゅうえん》センターに移《うつ》って二週間目《しゅうかんめ》、サンはふるえがとまらなくなった。

獣医《じゅうい》さんが診察《しんさつ》したが、とくに悪《わる》いところはない。知《し》らせをうけた寺沢《てらさわ》さんには、サンのふるえの原因《げんいん》は分《わ》かっていた。

寺沢《てらさわ》さんは、避難先《ひなんさき》の都営住宅《とえいじゅうたく》の自治会《じちかい》の会長《かいちょう》さんに、

「しばらく、サンを家《いえ》でめんどうみてやりたいのですが」と、たのみこんだ。すると、

「それは心配《しんぱい》ですね。わたしの車《くるま》で迎《むか》えに行《い》きましょう。サンちゃんとずっといっしょに暮《く》らせるようになるといいですね」と、会長《かいちょう》さんは、センターまで車《くるま》を運転《うんてん》してくれた。

サンは、迎《むか》えに来《き》た寺沢《てらさわ》さんの胸《むね》に抱《だ》かれると、すぐにふるえがとまった。寺沢《てらさわ》さんの仮住《かりず》まいにやってきたサンは、まったくほえない。トイレの時《とき》だけ、おしころしたような低《ひく》い声《こえ》で知《し》らせた。

何日《なんにち》か家族《かぞく》とすごすうちにサンの体調《たいちょう》は回復《かいふく》し、ふたたびセンターにもどった。

寺沢《てらさわ》さんは、支援《しえん》してくれる人《ひと》たちに、

「避難生活《ひなんせいかつ》をしている人《ひと》の話《はなし》を聞《き》かせて」と言《い》われる時《とき》には、

「人《ひと》もペットも、なれないところでの生活《せいかつ》はとても疲《つか》れます。いっしょに住《す》めるようにしてほしいです。おたがいの心《こころ》にも体《からだ》にも、それがいちばんいいのです」と話《はな》している。

サンは、それからも時《とき》どき、ふるえだしたり、下痢《げり》をしたりをくり返《かえ》した。

その後《ご》、寺沢《てらさわ》さんの仮住《かりずま》いの都営住宅《とえいじゅうたく》の一部《いちぶ》に、試験的《しけんてき》にということで、動物《どうぶつ》といっしょに住《す》んでもいいという建物《たてもの》ができた。

飼《か》い主《ぬし》がマナーを守《まも》り、まわりの人《ひと》たちにめいわくにならないことが分《わ》かれば、もっともっとペットとの同居《どうきょ》がみとめられていくだろう。


三宅島《みやけじま》の噴火災害《ふんかさいがい》は、被災動物《ひさいどうぶつ》のことを考《かんが》えるきっかけとなった。また、動物《どうぶつ》が人《ひと》に与《あた》える影響《えいきょう》について、理解《りかい》しようとする人《ひと》たちがふえている。

一般《いっぱん》の集合住宅《しゅうごうじゅうたく》では、犬《いぬ》やねこにも住《す》みやすい設計《せっけい》にしたマンションなどが、売《う》り出《だ》されはじめている。けれども、まだほとんどの公営《こうえい》の集合住宅《しゅうごうじゅうたく》は、小鳥《ことり》やハムスターなどの小動物《しょうどうぶつ》の飼育《しいく》をみとめているだけだ。

いっこうに火山《かざん》ガスがおさまらないので、島《しま》の人《ひと》たちの不安《ふあん》はつのる一方《いっぽう》だった。

「長《なが》い避難生活《ひなんせいかつ》は、動物《どうぶつ》の健康《けんこう》をそこね、ストレスは高《たか》まるばかりだ」

「島《しま》にもどれる見通《みとお》しが立《た》たないのだから、ペットに新《あたら》しい飼《か》い主《ぬし》を探《さが》したほうがいいのではないか」

動物《どうぶつ》の健康《けんこう》を心配《しんぱい》する人《ひと》たちの間《あいだ》から、声《こえ》があがりはじめた。

救援《きゅうえん》センターをはじめ、ペットをあずかっている動物病院《どうぶつびょういん》では、飼《か》い主《ぬし》ひとりひとりに相談《そうだん》した。そして、ついに新《あたら》しい飼《か》い主探《ぬしさが》しにふみきった。なかには、

「わたしたちは、犬《いぬ》といっしょに島《しま》に帰《かえ》りたいのです。どうか、その日《ひ》までお願《ねが》いします」という家族《かぞく》もいた。

もちろん、救援《きゅうえん》センターや動物病院《どうぶつびょういん》でもそのままあずかってくれたが、飼《か》い主《ぬし》たちは、気《き》がきではなかった。新《あたら》しい家族《かぞく》のもとで暮《く》らすほうが、ペットのためにはいいと考《かんが》える人《ひと》が多《おお》かった。

新《あたら》しい飼《か》い主《ぬし》の募《ぼ》集《しゅう》は、おもに救援《きゅうえん》センターのホームページを通《つう》じて行《おこな》われた。

リョウさんは、ムサシになかなか会《あ》いにいくことができなかった。仕事場《しごとば》でもある住《す》まいから、救援《きゅうえん》センターまでは、片道《かたみち》二時間《じかん》かかる。会《あ》ってもすぐに別《わか》れなければならない。

もし、いまのつとめ先《さき》が犬《いぬ》を飼《か》うことを許《ゆる》してくれたとしても、島《しま》にいた時《とき》のように、

ムサシをたまに放《はな》して自由《じゆう》にしてやることはできない。散歩《さんぽ》の時間《じかん》もとりにくい。リョウさんはムサシと再会《さいかい》してからずっと、ムサシの幸《しあわ》せについて考《かんが》えていた。

ムサシが、救援《きゅうえん》センターのボランティアたちにかわいがられていると聞《き》いて、新《あたら》しい飼《か》い主《ぬし》のもとに行《い》っても、大事《だいじ》にされるにちがいないと思《おも》った。

リョウさんは、ムサシを新《あたら》しい家族《かぞく》のもとに送《おく》り出《だ》そうと決心《けっしん》をした。そう決《き》めたものの、なかなか申《もう》し出《で》ることができないでいた。

避難動物《ひなんどうぶつ》は、みんな予防注射《よぼうちゅうしゃ》をうけ、避妊《ひにん》や去勢《きょせい》の手術《しゅじゅつ》もうけていた。病気《びょうき》のあった犬《いぬ》やねこは、治療《ちりょう》してもらっていた。

「うちでは中型犬《ちゅうがたけん》を希望《きぼう》しています」

「ねこをひきとらせてください」

犬《いぬ》にもねこにも、すぐに飼《か》い主希望者《ぬしきぼうしゃ》があると知《し》り、リョウさんは、

「ムサシにも、お願《ねが》いします」

と、ようやくムサシを手《て》ばなすという書類《しょるい》にサインした。そして、ムサシには会《あ》わずに、そっとさよならをした。ムサシの気持《きも》ちを乱《みだ》さないほうがいいと思《おも》ったからだ。

ムサシが新《あたら》しい家族《かぞく》のもとで、幸《しあわ》せに暮《く》らせるようにと祈《いの》った。

仕事場《しごとば》にもどる夕暮《ゆうぐ》れの道《みち》に、焼《や》き魚《ざかな》のにおいがただよっていた。一匹《ぴき》の魚《さかな》を分《わ》け合《あ》って食《た》べた日《ひ》のムサシの横顔《よこがお》がうかんだ。

ムサシは、前足上《まえあしあ》げポーズの写真入《しゃしんい》りで紹介《しょうかい》された。新《あたら》しい家族《かぞく》を待《ま》つことになった。

島《しま》に帰《かえ》りたかったコロ

真野《まの》さんのコロは、避難《ひなん》してきた日《ひ》のうちに、都内《とない》の『さくら動物病院《どうぶつびょういん》』で暮《く》らしていた。

真野《まの》さんは、避難先《ひなんさき》の都営住宅《とえいじゅうたく》から、地下鉄《ちかてつ》を乗《の》りついで三十分《ぷん》ほどのさくら動物病《どうぶつびょう》院《いん》に通《かよ》った。

「コロ、病院《びょういん》の先生《せんせい》がいるところでよかったね。お母《かあ》さんは安心《あんしん》しているのよ」

コロは、真野《まの》さんを見《み》ても、ケージからすぐに出《で》ようとはしない。

コロは、いきなり変《か》わってしまった環境《かんきょう》になじめないでいた。聞《き》こえるのは知《し》らない人《ひと》の声《こえ》と、治療《ちりょう》されている犬《いぬ》やねこの鳴《な》き声《ごえ》。薬《くすり》のにおいや診療器具《しんりょうきぐ》の音《おと》。コロを緊張《きんちょう》させる声《こえ》や音《おと》ばかりだった。

獣医《じゅうい》さんは、カルテを見《み》ながら、

「コロは、肝臓《かんぞう》が弱《よわ》っているので、療法食《りょうほうしょく》をあげているんですよ」

獣医《じゅうい》さんは、真野《まの》さんに、犬《いぬ》の病気《びょうき》に合《あ》わせてできているという、療法食《りょうほうしょく》のかんづめを見《み》せてくれた。

「そうですか。年《とし》はとっているけれど、コロが病気《びょうき》だったとは、気《き》づきませんでした」

「療法食《りょうほうしょく》とはいっても、最近《さいきん》のものは工夫《くふう》されていて、食《た》べやすくできているんですよ」

真野《まの》さんは、感心《かんしん》しながら、かんづめに鼻《はな》を近《ちか》づけた。

「ほんと、おいしそうなにおいがしますね」

「ところで、コロは今《いま》までかんづめを食《た》べていたんですか？」

「えさのことですね。ドライフードです」

そう言《い》う真野《まの》さんに、

「分《わ》かったぞ。かんづめになかなか口《くち》をつけなかったのは、ドライになれているのか。同《おな》じ療法食《りょうほうしょく》のドライタイプもあるので試《ため》してみよう」

獣医《じゅうい》さんは、コロの食器《しょっき》にドライフードを入《い》れた。

「お母《かあ》さんからあげてみてください」

コロは、真野《まの》さんの手《て》をペロリ。コロはいつも、えさをもらう時《とき》、真野《まの》さんの手《て》をなめていた。それがコロの「いただきます」なのだ。コロは、あっという間《ま》に、ドライフードをたいらげた。

「食《た》べっぷりがいいな。そうか、コロはお母《かあ》さんの手《て》から食《た》べさせてもらいたいのか」

獣医《じゅうい》さんは、うれしそうなコロを見《み》つめていた。

「よかったね、コロ。そういえば…」

真野《まの》さんは、言《い》いかけてやめた。

コロには、大好《だいす》きなピンク色《いろ》の毛布《もうふ》があった。寒《さむ》くもないのに、その毛布《もうふ》にくるまって寝《ね》ていたコロ。色《いろ》あせてちぎれそうになったので、真野《まの》さんが取《と》り上《あ》げようとすると、コロは、かかえこんで放《はな》そうとしなかった。

その毛布《もうふ》は、火山灰《かざんばい》に埋《う》もれてしまったのだろうか。

いまのコロには、毛布《もうふ》だけでなく、自分《じぶん》のにおいのする小屋《こや》も食器《しょっき》もないのだ。

「せめて毛布《もうふ》だけでも持《も》ってきてやればよかったね。ごめんね」

真野《まの》さんは、コロの頭《あたま》や首《くび》すじをさすりながら、話《はな》しかけた。

獣医《じゅうい》さんも、動物看護師《どうぶつかんごし》さんも、コロがえさを食《た》べたことを喜《よろこ》んでいた。

真野《まの》さんが、コロを見舞《みま》ったこの日《ひ》の夜《よる》、さくら動物病院《どうぶつびょういん》で、新《あたら》しい命《いのち》が誕生《たんじょう》した。

病院《びょういん》には、三宅島《みやけじま》から避難《ひなん》してきたねこのミイも、ひきとられていた。

ミイは、妊娠《にんしん》していた。いつ産《う》まれてもふしぎはないくらい、おなかの子《こ》は大《おお》きくなっていた。それでミイは看護師《かんごし》さんたちに注意《ちゅうい》ぶかく見守《みまも》られていたのだ。

飼《か》い主《ぬし》の話《はなし》によると、ミイは、これまでに二度《ど》、出産《しゅっさん》したという。生《う》まれすぐに死《し》んでしまった子《こ》もいたが、子《こ》ねこたちのもらい手《て》は、すぐに見《み》つかった。

いつのまにかいなくなったと思《おも》ったら、のらねこになっていた子《こ》もいたという。

三度目《どめ》の出産《しゅっさん》で、ミイは四匹《ひき》の子《こ》を産《う》んだ。みんな元気《げんき》な赤《あか》ちゃんだった。

おそくまで明《あ》かりがともる病院《びょういん》に、ときおり笑《わら》い声《ごえ》が流《なが》れた。

病院《びょういん》では、ミイの飼《か》い主《ぬし》と相談《そうだん》の上《うえ》、子《こ》ねこの新《あたら》しい飼《か》い主《ぬし》を探《さが》すことにした。

「三宅島《みやけじま》のねこの赤《あか》ちゃんです。噴火災害《ふんかさいがい》をくぐりぬけてきたお母《かあ》さんから生《う》まれました。元気《げんき》な子《こ》です」

病院《びょういん》の掲示板《けいじばん》に、看護師《かんごし》さんが、愛《あい》らしい三匹《びき》の子《こ》ねこの写真《しゃしん》を入《い》れたポスターをはった。その効果《こうか》もあって、すぐにもらい手《て》が見《み》つかった。

子《こ》ねこたちは、ミイからたっぷりと乳《ちち》をもらい、丸《まる》まるとふとっていった。

ミイ自身《じしん》は体力《たいりょく》を回復《かいふく》した後《のち》、避妊手術《ひにんしゅじゅつ》を受《う》けた。そして、飼《か》い主《ぬし》のしんせきの伊豆半《いずはん》島《とう》の漁村《ぎょそん》の家《いえ》で、飼《か》われることになった。

最後《さいご》の一匹《ぴき》は、病院《びょういん》で飼《か》うことにした。看《かん》護師《ごし》さんたちは、三宅島《みやけじま》からとって、ミヤちゃんと名《な》づけた。

「三宅島《みやけじま》の動物《どうぶつ》たちのことを忘《わす》れないためにも、この子《こ》を病院《びょういん》のねこにしましょう」

看護師《かんごし》さんたちは、ミイがやってきた時《とき》から決《き》めていたのだった。

「わたしたちにとって、記念《きねん》のねこちゃんですもの。大事《だいじ》に育《そだ》てましょう」


その後《ご》も真野《まの》さんは、コロのようすを見《み》に、週《しゅう》に一度《ど》、さくら動物病院《どうぶつびょういん》に通《かよ》っていた。

真野《まの》さんは、コロの目《め》が、うっすらと白《しろ》くにごっているのが気《き》になった。

コロの目《め》は、老犬《ろうけん》のかかりやすい白内障《はくないしょう》だった。だんだん見《み》えにくくなるという。

これからは弱《よわ》っていくにちがいないコロのそばにいてやれれば、どんなにいいだろうと、真野《まの》さんは思《おも》った。

「コロ、ごはんを食《た》べているの？」

真野《まの》さんが声《こえ》をかけると、コロは元気《げんき》なところを見《み》せようと、立《た》ち上《あ》がった。

真野《まの》さんは、獣医《じゅうい》さんや看護師《かんごし》さんたちにくりかえしお礼《れい》を言《い》って、病院《びょういん》を出《で》た。

それから半年後《はんとしご》、コロは、ひとりでトイレができなくなった。ケージの中《なか》にペットシートをしいてもらった。昼間《ひるま》はすやすやと眠《ねむ》り、夜中《よなか》に何度《なんど》も遠《とお》ぼえのような声《こえ》をあげるようになった。食《た》べたばかりなのに、えさをほしがり、かんづめもドライフードも食《た》べた。ほかの犬《いぬ》がえさを食《た》べているようすが分《わ》かると、いっそうさわいだ。

病院《びょういん》での生活《せいかつ》が一年《ねん》六か月《げつ》になった朝《あさ》、コロは亡《な》くなった。

「年《とし》とったコロも、噴火《ふんか》さえなければ、まだ生《い》きていられたかもしれない。島《しま》で最後《さいご》をすごさせてやりたかった」

真野《まの》さんの願《ねが》いは、かなわなかった。

「島《しま》にもどったら、海《うみ》の見《み》えるところで眠《ねむ》らせてやるからね」

真野《まの》さんは、段《だん》ボール箱《ばこ》に白《しろ》い布《ぬの》をかけただけの祭壇《さいだん》のお骨《こつ》に話《はな》しかけた。


ふるえや下痢《げり》が持病《じびょう》のようになった寺沢《てらさわ》さんのサンは、救援《きゅうえん》センターを出《で》た。

庭《にわ》のある寺沢《てらさわ》さんのしんせきの家《いえ》に、あずかってもらっている。

「こわれた家《いえ》と店《みせ》を建《た》てなおすのは大変《たいへん》です。売《う》り物《もの》のつりざおが盗《ぬす》まれてしまったのもショックです。でも、島《しま》で生《う》まれ育《そだ》ったわたしたちは、島《しま》の空《そら》の下《した》で、海《うみ》を眺《なが》めながらのんびりと年《とし》をとっていきたいんです」

寺沢《てらさわ》さんは、サンとつりに行《い》ける日《ひ》を夢《ゆめ》みながら、帰島《きとう》の準備《じゅんび》をしている。

サンはどう思《おも》っているのだろう。朝一番《あさいちばん》のお客《きゃく》を知《し》らせ、食堂《しょくどう》に来《く》るお客《きゃく》さんに、「サンちゃん、また会《あ》えてよかったね」と言《い》われる日《ひ》を、待《ま》ち望《のぞ》んでいるにちがいない。

新《あたら》しい家族《かぞく》と

「三宅島《みやけじま》から避難《ひなん》してきた犬《いぬ》やねこの、新《あたら》しい家族《かぞく》になってください」

救援《きゅうえん》センターが、ホームページを通《つう》じて募集《ぼしゅう》を始《はじ》めると、

「犬《いぬ》に会《あ》わせてください」

「ねこを飼《か》わせてください」

問《と》い合《あ》わせや、飼《か》い主《ぬし》を希望《きぼう》する申《もう》しこみがたくさんあったが、希望者《きぼうしゃ》が一件《けん》しかない犬《いぬ》やねこでも、すぐにその人《ひと》に決《き》めることはなかった。

動物《どうぶつ》を飼《か》った経験《けいけん》、住《す》まいのようす、家族構成《かぞくこうせい》などを聞《き》いて、最後《さいご》までめんどうをみる覚悟《かくご》があるかなどを確認《かくにん》するための面接《めんせつ》を行《おこな》った。

また、室内《しつない》で飼《か》うことと、予防注射《よぼうちゅうしゃ》や定期的《ていきてき》に健康診断《けんこうしんだん》する約束《やくそく》をしてもらった。

そして、いよいよ飼《か》い主《ぬし》になる家族《かぞく》が迎《むか》えに来《く》る日《ひ》になると、ボランティアたちみんなで見送《みおく》った。

「もう会《あ》えなくなるけど、元気《げんき》でね」

「幸《しあわ》せになってね」

ボランティアたちは、犬《いぬ》やねこに順番《じゅんばん》に声《こえ》をかけた。

ムサシは、「ぼくはひとりで一年間《ねんかん》、三宅島《みやけじま》で生《い》きていたんだぞ」のキャッチフレーズと、前足上《まえあしあ》げの「ムーちゃん、ハイ」ポーズがきいたのか、たくさんの希望者《きぼうしゃ》があらわれた。

千葉県《ちばけん》の中村和彦《なかむらかずひこ》さんも、そのひとりだった。中村《なかむら》さんの家族《かぞく》は四人《にん》で、二人《ふたり》の娘《むすめ》がいる。テレビや新聞《しんぶん》で三宅島《みやけじま》の人《ひと》たちの苦労《くろう》を見《み》て、何《なに》か役《やく》に立《た》てることはないかと、家族《かぞく》で話《はな》し合《あ》っていた。

救援《きゅうえん》センターのホームページにも、目《め》を通《とお》していた。

「災害《さいがい》にあってつらいのは、人間《にんげん》だけではないはず。動物《どうぶつ》も同《おな》じよね」

奥《おく》さんの紀久子《きくこ》さんが、ふと、ムサシの写真《しゃしん》に目《め》をとめた。

「ムサシくんて、気《き》の弱《よわ》そうな顔《かお》しているのに、一年《ねん》もひとりで生《い》きていたのね」

「おいおい、その犬《いぬ》を気《き》に入《い》ったのか。だめだめ、犬《いぬ》を飼《か》えば、必《かなら》ず別《わか》れる時《とき》が来《く》る。

もうごめんだよ」

　和彦《かずひこ》さんはぴしゃりと言った。中村《なかむら》さんの家族《かぞく》は、一年前《ねんまえ》に愛犬《あいけん》を病気《びょうき》で失《うしな》っていた。二人《ふたり》の娘《むすめ》が幼《おさな》いころから十五年間《ねんかん》いっしょに暮《く》らしてきた犬《いぬ》のことが、まだ忘《わす》れられない。似《に》ている犬《いぬ》を見《み》かけては、いつも涙《なみだ》ぐむのは紀久子《きくこ》さんだった。

　何《なに》かにつけて、死《し》んだ犬《いぬ》のことを思《おも》い出《だ》しては、声《こえ》をつまらせていた。

「もう二度《ど》と犬《いぬ》を飼《か》うのはよそう」

と、話《はな》すのだが、犬《いぬ》が亡《な》くなってからは、家族《かぞく》のあいだには会話《かいわ》も笑《わら》い声《ごえ》も消《き》えてしまった。

　紀久子《きくこ》さんは、思《おも》いきって言《い》った。

「会《あ》うだけでもいいじゃないですか。もうほかの人《ひと》に決《き》まっているかもしれないし」

「そうよ、お父《とう》さん。ドライブのつもりで行《い》ってみようよ」

　娘《むすめ》たちは賛成《さんせい》した。家族《かぞく》は、車《くるま》で二時間以上《じかんいじょう》かかる救援《きゅうえん》センターに出《で》かけた。

　ムサシに会《あ》った中村《なかむら》さんの家族《かぞく》は、もうムサシから目《め》を離《はな》せなくなった。

「ムサシっていうの。ムーちゃん」

ムサシは、紀久子《きくこ》さんにお得意《とくい》の前足上《まえあしあ》げポーズをした。

「島《しま》ではこわいこともあったんでしょ？　でも、なんておだやかな顔《かお》してるんでしょう。きっと飼《か》い主《ぬし》に愛《あい》されていたのね。ムーちゃん、うちに来《く》る？」

ムサシは、紀久子《きくこ》さんのさし出《だ》した手《て》に、いつのまに抱《だ》かれていた。

「ぜひ、うちの子《こ》にさせてください」

ためらわず、紀久子《きくこ》さんは言《い》った。和彦《かずひこ》さんもひと目《め》でムサシが好《す》きになったようだ。中村《なかむら》さんの家族《かぞく》は、みんな犬《いぬ》が好《す》きなこと。家《いえ》の中《なか》で飼《か》えること。犬《いぬ》を飼《か》っていた経《けい》験《けん》から、健康《けんこう》に気《き》をつけてやれることなど、条件《じょうけん》がそろっていた。

ムサシの新《あたら》しい飼《か》い主《ぬし》は、中村和彦《なかむらかずひこ》さんの家族《かぞく》に決《き》まった。中村《なかむら》さんは、ムサシの首《くび》輪《わ》、えさ、食器《しょっき》などを準備《じゅんび》した。それから、ムサシを迎《むか》えることにした。


二〇〇二年《ねん》一月末《がつすえ》、小雨《こさめ》もようの肌寒《はだざむ》い日曜日《にちようび》だった。ムサシは、ボランティアたちの拍手《はくしゅ》につつまれて車《くるま》に乗《の》りこんだ。

「ムーちゃんと出会《であ》えて、よかったよ」

「ありがとう、ムーちゃん。元気《げんき》でね」

ムサシは、車《くるま》の後部座席《こうぶざせき》から、遠《とお》ざかるボランティたちを見《み》つめていた。

ムサシが中村《なかむら》さんの家族《かぞく》のもとに送《おく》り出《だ》されて二か月後《げつご》の三月末《がつすえ》。役割《やくわり》を終《お》えた救援《きゅうえん》センターは、一年間《ねんかん》で閉《と》じられた。

のべ六十八匹《ぴき》になった犬《いぬ》とねこは、新《あたら》しい家族《かぞく》のもとにひきとられていった。全国各《ぜんこくかく》地《ち》からのべ総数《そうすう》、約《やく》五千八百人《にん》のボランティアが、動物《どうぶつ》の救援活動《きゅうえんかつどう》に集《あつ》まった。交替《こうたい》で活動《かつどう》し、一日《にち》も休《やす》むことなく運営《うんえい》された。

「こんな災害《さいがい》は二度《ど》と起《お》こってほしくないけれど、また会《あ》いたいわね。動物《どうぶつ》たちのために働《はたら》けてよかった」

ボランティアたちは、ジュースで乾杯《かんぱい》して別《わか》れを惜《お》しんだ。

都内《とない》の動物病院《どうぶつびょういん》で、島《しま》に帰《かえ》る日《ひ》を待《ま》っている犬《いぬ》。ボランティアの家庭《かてい》で、そのまま暮《く》らすことになったねこ。コロのように高齢《こうれい》で亡《な》くなった犬《いぬ》。噴火災害《ふんかさいがい》は動物《どうぶつ》たちの生活《せいかつ》環境に、いろんな影響を与えた。

避難《ひなん》にともない、牛《うし》やニワトリなどの家畜《かちく》もふくめ、保護《ほご》された三宅島《みやけじま》の動物《どうぶつ》は三百二十一頭《とう》。すべて、落《お》ち着《つ》き先《さき》を得《え》た。東京郊外《とうきょうこうがい》の牧場《ぼくじょう》ですごしている牛《うし》。小学校《しょうがっこう》で飼《し》育《いく》されることになったニワトリもいる。

中村《なかむら》さんの家族《かぞく》に迎《むか》えられたムサシの、新《あたら》しい生活《せいかつ》が始《はじ》まっていた。

「家《いえ》になれるまで、外《そと》に出《で》ないようにしようね」

紀久子《きくこ》さんは、ムサシに、窓《まど》ごしに景色《けしき》を見《み》せていた。

また、「ムーちゃんに好《す》かれようとして、ないしょでおやつをやらない」という家族《かぞく》協定《きょうてい》を作《つく》った。ムサシの健康《けんこう》のために、救援《きゅうえん》センターからも注意《ちゅうい》されていたのだ。

紀久子《きくこ》さんは、初《はじ》めのうち、夜中《よなか》に何度《なんど》かムサシのようすを見《み》ていた。すると、ムサシはいつもすわっている。ちょっとした音《おと》に耳《みみ》を立《た》てた。

「ムーちゃんは、いつ寝《ね》ているの？　何《なに》も心配《しんぱい》しなくていいって、言《い》ってるのに」

それでも、一週間《しゅうかん》ほどすると、横《よこ》になって寝《ね》るようになった。

ところが、いきなりうめき声《ごえ》をあげる。

「ウ、ウ、ウ、ウーッ」

そして、さっと起《お》き上《あ》がり、あたりをきょろきょろと見《み》る。

「また、こわい夢《ゆめ》を見《み》てたの？」

紀久子《きくこ》さんは、しばらくムサシにつきそって寝《ね》ることにした。うめき声《ごえ》をあげるたびに、赤《あか》ちゃんをあやすように、そっと首《くび》すじをなでてやった。

やっと寝《ね》ついたと思《おも》ったら、こんどは足《あし》をふるわせる。横《よこ》たわったまま、走《はし》っているように、足《あし》をせわしなく動《うご》かした。

紀久子《きくこ》さんは、ムサシの一年間《ねんかん》は、どんなものだったのかしらと想像《そうぞう》をめぐらした。

あらためて、ムサシのがんばりをほめてやりたかった。

やがて、ムサシはこわい夢《ゆめ》を見《み》なくなったのか、おなかを上《うえ》にして、だらりと体《からだ》の力《ちから》をぬいて、寝《ね》るようになった。

そして、大《おお》きないびきをかく。いびきが聞《き》こえてくると、みんなはほっとした。そっと近《ちか》づいて、ムサシの顔《かお》をのぞきこんだ。

安心《あんしん》しきった寝顔《ねがお》がおかしくて、がまんできずに、クスクスが大笑《おおわら》いになると、ムサシはうるさそうに、目《め》をあけた。

「ごめん、起《お》こしちゃって」

ムサシは、いつもだれかのそばにいたがる。ひとりになるのがさびしいのだ。

紀久子《きくこ》さんが近《ちか》くのスーパーマーケットに買《か》い物《もの》に行《い》く時《とき》も、「クゥーン、クゥーン」、とあまえる声《こえ》を出《だ》しては、紀久子《きくこ》さんの足《あし》をとめさせた。ムサシは、いつのまにか家族《かぞく》のまん中《なか》にいた。

一か月《げつ》ほどしたある日《ひ》、ムサシがいよいよ外出《がいしゅつ》する時《とき》が来《き》た。

散歩《さんぽ》デビューのお相手《あいて》は、一家《いっか》の主人《しゅじん》、和彦《かずひこ》さんだ。リードをつけたムサシは、うれしそうに道路《どうろ》に出《で》た。ところが、大《おお》きな車《くるま》の急《きゅう》ブレーキの音《おと》がしたとたん、驚《おどろ》いて走《はし》り出《だ》してしまった。和彦《かずひこ》さんは、リードをひきずったままのムサシを必死《ひっし》で追《お》いかけた。

ムサシは、道路《どうろ》の角《かど》でとまり、和彦《かずひこ》さんをふりむいた。

「そこで待《ま》っていろよ。ひやひやさせないでくれよ。まだ、安心《あんしん》できないなあ」

ムサシは、ひさしぶりの散歩《さんぽ》に、ついはしゃいでしまったのだ。

外《そと》の空気《くうき》にふれたムサシは、「散歩《さんぽ》」と聞《き》くとそわそわするようになった。時間《じかん》を、少《すこ》しずつ長《なが》くしていき、朝夕《あさゆう》二回《かい》、一時間《じかん》ずつの散歩《さんぽ》になった。


ある時《とき》、道路《どうろ》わきの草《くさ》むらで、ガサ、ガサガサッ、と物音《ものおと》がした。

ムサシは、草《くさ》むらに走《はし》り、勢《いきお》いをつけて顔《かお》をつっこんだ。キジのヒナがいた。

「ムーちゃん、ヒナを驚《おどろ》かせてはだめ」

紀久子《きくこ》さんが、リードをひっぱると、ムサシはわれに返《かえ》ったように、また歩《ある》き出《だ》した。

「キジの赤《あか》ちゃんが家《いえ》の近《ちか》くの草《くさ》むらにいたなんて。ムーちゃんが教《おし》えてくれなかったら、きっと、ずっと知《し》らずにいたわね」

ムサシは、散歩《さんぽ》の途中《とちゅう》で、ふと足《あし》をとめることがある。新聞配達《しんぶんはいたつ》のバイクがやってくる時《とき》だ。すれちがうバイクを見送《みおく》ると、また歩《ある》きはじめる。

ムサシにとって、バイクの音《おと》と新聞《しんぶん》のインクのにおいは、リョウさんと走《はし》った、島《しま》の道《みち》や木《き》や草《くさ》の香《かお》りにつながる思《おも》い出《で》だ。忘《わす》れられないリョウさんとの三年間《ねんかん》そのものなのだ。

リョウさんは、ムサシのいる町《まち》からだいぶ離《はな》れた町《まち》の新聞販売店《しんぶんはんばいてん》

につとめている。また大好《だいす》きな島《しま》にもどって、新聞配達《しんぶんはいたつ》の仕事《しごと》をしようと思《おも》っている。三宅島《みやけじま》の空《そら》の下《した》で、ムサシの幸《しあわ》せを祈《いの》りながら、ムサシとの思《おも》い出《で》を大事《だいじ》に生《い》きていくつもりだ。

二〇〇四年夏《ねんなつ》。火山《かざん》ガスは体《からだ》に影響《えいきょう》ないところまでおさまった。三宅島《みやけじま》の人々《ひとびと》の待《ま》ちに待《ま》った帰島《きとう》が決《き》まった。島《しま》にもどる準備《じゅんび》に追《お》われる人々《ひとびと》の顔《かお》は、明《あか》るく、希望《きぼう》に満《み》ちている。

あとがき

二〇〇〇年《ねん》夏《なつ》の噴火災害《ふんかさいがい》で、全島避難《ぜんとうひなん》していた三宅島《みやけじま》の人《ひと》たちが、自己責任《じこせきにん》でという条件《じょうけん》ながら、ようやく帰島《きとう》できることになりました。

今《いま》、島《しま》の人《ひと》たちは、四年半《ねんはん》もの空白《くうはく》を少《すこ》しでもはやく取《と》り戻《もど》したいとはりきっています。

「三宅島《みやけじま》で生《う》まれ育《そだ》った者《もの》には、島《しま》での暮《く》らしが体《からだ》にも心《こころ》にも合《あ》っています。死《し》ぬのも島《しま》と決《き》めていますから」と、笑顔《えがお》を見《み》せてくれた人《ひと》の顔《かお》が浮《う》かんできます。地域《ちいき》によっては家《いえ》はすっかり壊《こわ》れ、車《くるま》や農機具《のうきぐ》など仕事道具《しごとどうぐ》が火山《かざん》ガスによってさびつき、使《つか》い物《もの》にはならないとのこと。これからもご苦労《くろう》が多《おお》いことと思《おも》います。でも、島《しま》には緑《みどり》が復活《ふっかつ》し、鳥《とり》のさえずりが聞《き》こえ、海《うみ》には魚《さかな》が戻《もど》ってきているという、うれしいニュースもあります。

さて、この物語《ものがたり》に登場《とうじょう》する人《ひと》と犬《いぬ》の一部《いちぶ》は仮名《かめい》ですが、事実《じじつ》に基《もと》づいて構成《こうせい》した、三宅島《みやけじま》の人《ひと》と動物《どうぶつ》の話《はなし》です。何《なに》が起《お》きたかもわからないまま、島《しま》を離《はな》れることになり、慣《な》れないところで暮《く》らすことになった犬《いぬ》やねこたちも、人《ひと》と同《おな》じようにつらい思《おも》いをしたのです。噴火災害《ふんかさいがい》は、動物《どうぶつ》たちの運命《うんめい》も変《か》えてしまうできごとでした。

幸《さいわ》いにも三宅島《みやけじま》の動物《どうぶつ》の多《おお》くは、人《ひと》といっしょに避難《ひなん》することができました。

これは、過去《かこ》の大島三原山《おおしまみはらやま》の噴火《ふんか》、阪神淡路大震災《はんしんあわじだいしんさい》、有珠山《うずざん》の噴火《ふんか》など、大《おお》きな自然災害《しぜんさいがい》の教訓《きょうくん》が生《い》かされたからです。これからは、このような災害《さいがい》があった時《とき》に、災害対策本部《さいがいたいさくほんぶ》の中《なか》に『動物救援本部《どうぶつきゅうえんほんぶ》』ができるといいですね。避難先《ひなんさき》でもペットといっしょに生活《せいかつ》できる環境《かんきょう》づくりが必要《ひつよう》だと、取材《しゅざい》を通《つう》じて痛感《つうかん》しました。非常時《ひじょうじ》こそ、人《ひと》と動物《どうぶつ》はなぐさめ励《はげ》ましあえる家族《かぞく》であり、仲間《なかま》だからです。

三宅島《みやけじま》の被災動物《ひさいどうぶつ》は、「動物《どうぶつ》たちの命《いのち》も大事《だいじ》」と考《かんが》えている多《おお》くのボランティアの働《はたら》きのおかげで、快適《かいてき》な生活《せいかつ》ができたと思《おも》います。この本《ほん》のイラストを描《えが》いてくれたさのあきこさんも、ボランティアのひとりでした。動物好《どうぶつず》きのさのさんは、折《お》りを見《み》ては救援《きゅうえん》センター内《ない》のムサシをはじめ、犬《いぬ》たちをスケッチしていたのです。彼女《かのじょ》の絵《え》が、この物語《ものがたり》をより温《あたた》かみのあるものにしてくれました。

また、帰島《きとう》が決《き》まってから、獣医《じゅうい》さんが何人《なんにん》も派遣《はけん》されています。現地《げんち》の動物《どうぶつ》の調査《ちょうさ》と、もとから島《しま》にいるねこたちの数《かず》が増《ふ》えないように、不妊《ふにん》と去勢《きょせい》の手術《しゅじゅつ》をしてくれています。こうした自治体《じちたい》の配慮《はいりょ》もうれしいことです。

この原稿《げんこう》を書《か》き終《お》えたころ、新潟県中越地震《にいがたけんちゅうえつじしん》が起《お》こりました。国《くに》や県《けん》の獣医師会《じゅういしかい》や日本動物愛護協会《にほんどうぶつあいごきょうかい》をはじめ、愛護団体《あいごだんたい》のボランティアたちが、動物《どうぶつ》たちの救出《きゅうしゅつ》や保護《ほご》にあたっていることを知《し》りました。置《お》いてきた動物《どうぶつ》を案《あん》じている飼《か》い主《ぬし》にとって、どんなに心強《こころづよ》かったことでしょう。

地震《じしん》、噴火《ふんか》、台風《たいふう》などは、いつどこで起《お》こるかわかりません。とくに犬《いぬ》と暮《く》らしている人《ひと》は、万一《まんいち》の災害《さいがい》に備《そな》えて、日《ひ》ごろどんなことに気《き》をつけたらいいのでしょう。次《つぎ》のページに、専門家《せんもんか》のアドバイスをまとめてみました。

三宅島《みやけじま》の人々《ひとびと》と動物《どうぶつ》たちに一日《にち》も早《はや》く、おだやかな日々《ひび》が訪《おとず》れますように。

二〇〇四年初冬《ねんしょとう》　　井上《いのうえ》こみち

災害時《さいがいじ》の避難《ひなん》に備《そな》えて

1、畜犬登録《ちくけんとうろく》をして、首輪《くびわ》に鑑札《かんさつ》や名札《なふだ》をつけ、ペットの名前《なまえ》や飼《か》い主《ぬし》の氏名《しめい》・連絡先《れんらくさき》を明記《めいき》しておく。飼《か》い主《ぬし》は、犬《いぬ》といっしょの写真《しゃしん》を携帯《けいたい》する。※マイクロチップを埋《う》め込《こ》んでおけばさらに安心《あんしん》。
阪神淡路大震災《はんしんあわじだいしんさい》では、飼《か》い主《ぬし》のわからない犬《いぬ》の救出《きゅうしゅつ》が困難《こんなん》を極《きわ》めたといいます。

※マイクロチップ…長《なが》さ約《やく》1cmの電子標識器具《でんしひょうしききぐ》で、動物《どうぶつ》の皮下《ひか》に注入《ちゅうにゅう》し、飼《か》い主《ぬし》や個体《こたい》の情報《じょうほう》を専用《せんよう》の装置《そうち》で読《よ》みとることができます。痛《いた》みはほとんどなく、副作用《ふくさよう》についても報告《ほうこく》されておらず、動物《どうぶつ》にとって安全《あんぜん》な身分証明証《みぶんしょうめいしょう》といえます。

2、正《ただ》しいしつけをして、よその人《ひと》や動物《どうぶつ》に慣《な》れさせておく。
「待《ま》て」「おいで」「静《しず》かに」など、飼《かい》い主《ぬし》以《い》外《がい》の人《ひと》の指示《しじ》でも守《まも》れるようにする。

救援《きゅうご》センターなどでは、多数《たすう》のペットを世話《せわ》するため、犬《いぬ》がきちんと指示《しじ》に従《したが》えれば行《い》き届《とど》いた保護《ほご》を受《う》けられます。

3、感染症《かんせんしょう》などの予防措置《よぼうそち》(ワクチン接種《せっしゅ》)をしておく。避難先《ひなんさき》では他《ほか》のペットとの接触《せっしょく》がふえるので、とくに伝染性《でんせんせい》の病気《びょうき》の発生《はっせい》を恐《おそ》れています。

三宅島の動物救護にあたった方々
東京都動物愛護相談センター・同多摩支所・(財)日本動物愛護協会・
(社)日本動物福祉協会・(社)日本愛玩動物協会・(社)日本動物保護管理協会・
(社)日本獣医師会・(社)東京都獣医師会・及びボランティアのみなさん

井上こみち（いのうえ　こみち）

埼玉県生まれ。1983年、新聞社募集の懸賞童話入選作の単行本化をきっかけに作家活動に入る。人と動物のふれあいがテーマの、ノンフィクションやドキュメンタリー作品を手がけている。主著に「犬の消えた日」「テッちゃんはゾウ使い」（金の星社）「おいでカーリー」（くもん出版）「リンゴのすきなアーサー」（実業之日本社）「ごめんね、傷ついた鳥たちよ」（ポプラ社）「人の心がわかる犬」（幻冬社）など。「海をわたった盲導犬ロディ」（理論社）で、第1回日本動物児童文学賞。「カンボジアに心の井戸を」（学習研究社）で、第28回日本児童文芸家協会賞。

噴火《ふんか》の島《しま》においてきぼりになった犬《いぬ》

三宅島《みやけじま》のムサシ

2005年2月10日　第1刷発行

著　　者　井上こみち
発 行 者　三浦 信夫
発 行 所　株式会社　素朴社
〒150-0002　東京都渋谷区渋谷1-20-24
電話 03-3407-9688（代表）　振替 00150-2-52889
印刷・製本　モリモト印刷 株式会社

ISBN4-915513-87-4 C8093

地図絵本 日本の食べもの

素朴社編
吉岡　顕・絵

親子で楽しく学べ、調べ学習にも最適！
食育に役立つ一冊として大好評です。

北海道から沖縄まで、すべての都道府県のおもな農産物や水産物を地図上にカラーイラストで表示。
どこで何がとれるか、ひと目でわかります。

A4判変型、48ページ、オールカラー
定価：2,100円（税込）

日光の杉並木を守った男

どばし　たまよ・文
むかいながまさ・絵

映画「杉に生きる」（花村 彪　脚本・監督）より構成

戦争中、軍用船を造るために日光の杉を伐採する計画が進んでいました。しかし、杉を守るために銀松は、体をはって抵抗。杉とともに生きた男の勇気と優しさを描いています。
■小学校中学年から■

A5判、64ページ
定価：1,050円（税込）

レシピ絵本 どんぐりの食べ方
—森の恵みのごちそう—

井上貴文・著
むかいながまさ・絵

広葉樹の木の実「どんぐり」を食べてみませんか？基本のあく抜きの仕方から、どんぐり釜飯やクレープ、クッキーなどの作り方を楽しいイラストで紹介しています。

AB判変型、32ページ、オールカラー
定価：1,365円（税込）